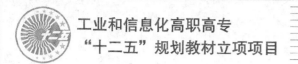

工业和信息化高职高专
"十二五"规划教材立项项目

高等职业院校
机电类"十二五"规划教材

AVR单片机（C语言）项目开发实践教程

AVR Singlechip (C Programming Language) Project Development

U0191217

◎ 刘治满 主编

◎ 李侠 副主编

◎ 梁法辉 刘高锁 参编

人民邮电出版社

北 京

精品系列

图书在版编目（ＣＩＰ）数据

AVR单片机（C语言）项目开发实践教程 / 刘治满主编. -- 北京 ：人民邮电出版社，2015.2（2023.2重印）
高等职业院校机电类"十二五"规划教材
ISBN 978-7-115-38552-9

Ⅰ．①A… Ⅱ．①刘… Ⅲ．①单片微型计算机－C语言－程序设计－高等职业教育－教材 Ⅳ．①TP368.1 ②TP312

中国版本图书馆CIP数据核字（2015）第035449号

内 容 提 要

　　本书以培养学生单片机应用技能为核心，选用市场广泛使用的较先进的 AVR 单片机为平台，采用 C 语言编程，使程序编写更加简单，减轻学生对编程语言的畏难情绪，用更多的精力来提高技能；并以项目模块为教学载体，突出实践，避免一味离线仿真的虚拟学习，强调实战学习。书中具体内容包括：AVR 单片机 I/O 知识模块、中断系统、定时/计时器、A/D 转换、串行通信、SPI、I²C 等相关知识模块。内容由简到繁、循序渐进，可以满足读者由入门到精通的学习，具有起点低、上手快的特点。读者通过本书学习可以具备单片机应用系统的开发调试能力。

　　本书内容丰富，实践性强。适合单片机爱好者、初学者使用，可作为应用型本科和高等职业院校电气自动化技术、电子信息工程、机电一体化技术、工业机器人技术、汽车电子等相关专业学生使用，也可作为单片机应用开发人员的实用参考书。

◆ 主　编　刘治满
　　副主编　李　侠
　　参　编　梁法辉　刘高锁
　　责任编辑　刘盛平
　　执行编辑　王丽美
　　责任印制　杨林杰

◆ 人民邮电出版社出版发行　　北京市丰台区成寿寺路 11 号
　　邮编　100164　　电子邮件　315@ptpress.com.cn
　　网址　http://www.ptpress.com.cn
　　北京天宇星印刷厂印刷

◆ 开本：787×1092　1/16
　　印张：14.5　　　　　　　　　　2015 年 2 月第 1 版
　　字数：365 千字　　　　　　　2023 年 2 月北京第 5 次印刷

定价：35.00 元

读者服务热线：(010)81055256　印装质量热线：(010)81055316
反盗版热线：(010)81055315

前　言

　　单片机应用技术是电气自动化技术、电子信息工程等多个电类相关专业的高技能人才必备技术，也是高职电类专业的一门重要的专业核心课程。本书以培养学生单片机应用技能为目标进行编写，由浅入深地把单片机应用技术领域所需的知识和技能，分解到具体的、真实的、实用的项目模块制作和调试中。

　　本书以市场广泛使用的较先进的 AVR 单片机为平台，采用 C 语言编程，并以项目应用为导向，采用项目教学的方式组织内容，每个项目都来源于电子及工业测控领域的典型工程，每个项目任务的学习即真实单片机应用模块的制作、调试过程，使单片机应用技术的学习更加贴近实际工作。本书知识性全，技术性强，趣味性浓。通过本书项目的逐步深入学习，读者会对构造单片机应用系统的基本知识逐渐掌握、技能逐渐提升。

　　全书共四篇。第一篇对单片机进行介绍，包括其软硬件开发工具，以及对必要的 C 语言基础进行讲述；第二篇对单片机的基本功能单元进行学习介绍，包括单片机的 I/O 接口的基本应用、数码管显示、按键识别、中断控制应用、定时/计数器系统、模数转换应用；第三篇对单片机通信接口进行学习介绍，包括单片机之间、PC 机与单片机之间的 USART 串行通信、单片机的 SPI 通信接口，单片机 I^{2}C 通信接口；第四篇是综合项目，相对比较复杂，具有一定的实际意义，是对全书设计到的知识技能进行综合的应用。

　　本书的参考学时为 104～150 学时，建议采用理论实践一体化教学模式，参考学时见下面学时分配表。

学时分配表

项　　目	课　程　内　容	学　　时
项目一	认识单片机	2
项目二	AVR 单片机系统开发与设计工具	2～4
项目三	AVR 单片机 C 语言初识	4～8
项目四	ATmega16 单片机 I/O 口应用	12～16
项目五	LED 数码管显示应用	8～16
项目六	按键识别应用	8～12
项目七	中断控制应用	6～8
项目八	定时/计数器应用	12～16
项目九	ATmega16 单片机模数转换应用	6～8
项目十	AVR 单片机 USART 串行通信应用	8～12
项目十一	SPI 串行总线应用	6～8
项目十二	ATmega16 单片机 I^{2}C 通信接口应用	6～8
项目十三	基于 ATmega16 片内 PWM 的直流电动机控制	12～16
项目十四	基于 ATmega16 的无线竞赛系统	12～16
课时总计		104～150

　　本书由长春汽车工业高等专科学校刘治满主编，对本书的编写思路与大纲进行总体策划，确定本书的内容结构，组织完成了全书的编写工作，并对全书进行统稿，合肥财经职业技术学院李侠副主编，长春汽车工业高等专科学校梁法辉、刘高锁参编。其中刘治满编写第二篇，李侠编写了第四篇，刘高锁编写了第一篇，梁法辉编写了第三篇。此外，在编写过程中，得到了刘旭东、李洋、孙畅、刘英明老师的大力支持和帮助，在此深表感谢。

　　由于时间仓促，编者知识和经验有限，书中难免有错漏之处，敬请读者批评指正。

编　者
2015 年 1 月

目 录

第一篇
基础与入门

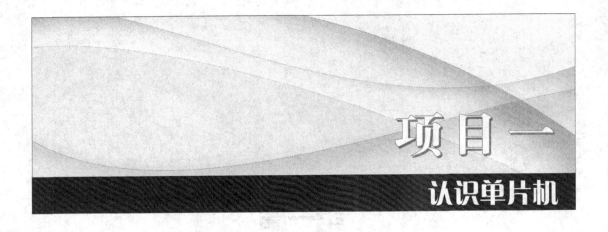

项目一

认识单片机

一、单片机系统简介

1. 什么是单片机

随着计算机技术的飞速发展，计算机已经渗入到人们生活的各个方面，影响着整个社会，改变了人们的生活方式。而单片机技术的出现则给现代工业测控领域带来了一次新的技术革命。它在工业控制、数控采集、智能化仪表、办公自动化等诸多领域得到了极为广泛的应用。

单片微型计算机（Single Chip Micro Computer）简称单片机，它是把组成微型计算机的各功能部件——中央处理单元（CPU）、一定容量的随机存储器（RAM）和只读存储器（ROM）、I/O 接口电路、定时器/计数器以及串行口等制作在一块芯片中的计算机。由于单片机的硬件结构与指令系统的功能都是按工业控制要求而设计的，常用在工业检测、控制装置中，因而也称为微控制器（Micro Controller Unit，MCU）。它具有结构简单、控制功能强、可靠性高、体积小、价格低等特点。从家用电器、智能化仪器、工业控制直到火箭导航尖端技术领域，单片机都发挥着十分重要的作用。

2. 单片机应用系统

单片机应用系统是以单片机为核心，配以输入、输出、显示、测量和控制等外围电路和软件，能实现一种或多种功能的实用系统。本书的每个项目任务就是一个单片机的应用系统，除了有单片机芯片以外，还有许多其他外围电路。如果再配以后续项目任务中所讲的一系列的实训程序，便可以完成诸如 LED 闪烁灯、数码管显示、电子跑表、万年历等很多功能。单片机应用系统是由硬件和软件组成的，如图 1-1 所示。硬件是单片机应用系统的基础，软件则是在硬件的基础上对其资源进行合理调配和使用，从而完成应用系统所要求的任务。硬件和软件二者相互依赖，缺一不可。

由此可见，单片机应用系统的设计人员必须从硬件和软件两个角度来深入了解单片机，并能将二者有机地结合起来，才能设计制作出具有特定功能的单片机应用系统或整机产品。

3. 单片机的发展历史

迄今为止，单片机经历了由 4 位机到 8 位机再到 16 位、32 位机的发展过程。单片机制造商有很多，主要有美国的 Intel、Motorola、Zilog 等公司。目前，单片机正朝着高性能、多品种方向发展。近年来，32 位单片机已进入了实用阶段，但是由于 8 位单片机在性能价格比上占有优势，而且 8 位增强型单片机在速度和功能上向现在的 16 位单片机挑战，因此在未来相当长的时期内，16 位机可能被淘汰，8 位单片机仍是单片机的主流机型。

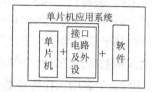

图 1-1　单片机应用系统的组成示意图

二、AVR 系列单片机

1. ATMEL 公司的单片机产品

ATMEL 公司是世界上著名的生产高性能、低功耗、非易失性存储器和各种数字模拟 IC 芯片的半导体制造公司。在单片微控制器方面，ATMEL 公司有基于 8051 内核、基于 AVR 内核和基于 ARM 内核的三大系列单片机产品（确切地讲，最后一款应称为嵌入式微处理器）。ATMEL 公司在它的单片机产品中，融入了先进的 EEPROM 电可擦除和 Flash ROM 闪速存储器技术，使得该公司的单片机具备了优秀的品质，在结构、性能和功能等方面都有明显的优势。

ATMEL 公司把 8051 内核与其擅长的 Flash 存储器技术相结合，是国际上最早推出片内集成可重复擦写 1000 次以上 Flash 程序存储器、采用低功耗 CMOS 工艺的 8051 兼容单片机的生产商之一。市场上家喻户晓的 AT89C51、AT89C52、AT89C1051、AT89C2051 就是 ATMEL 公司生产的基于 8051 内核系列单片机中的典型产品（现在已升级换代为 AT89Sxx 系列，采用 ISP 在线编程技术）。该系列单片机一直在我国的单片机市场上占有相当大的份额。

8051 结构的单片机采用复杂指令系统（Complex Instruction Set Computer，CISC）体系。由于 CISC 结构存在指令系统不等长、指令数多、CPU 利用效率低、执行速度慢等缺陷，已不能满足和适应设计中高档电子产品和嵌入式系统应用的需要。ATMEL 公司发挥其 Flash 存储器技术的特长，于 1997 年研发和推出了全新配置采用精简指令集（Reduced Instruction Set CPU，RISC）结构的新型单片机，简称 AVR 单片机。

精简指令集（RISC）结构是 20 世纪 90 年代开发出来的一种综合了半导体集成技术和提高软件性能的新结构，是为了提高 CPU 运行的速度而设计的芯片体系。它的关键技术在于采用流水线操作（Pipelining）和等长指令体系结构，使一条指令可以在一个单独操作中完成，从而实现在一个时钟周期里完成一条或多条指令。同时 RISC 体系还采用了通用快速寄存器组的结构，大量使用寄存器之间的操作，简化了 CPU 中处理器、控制器和其他功能单元的设计。因此，RISC 的特点就是通过简化 CPU 的指令功能，使指令的平均执行时间减少，从而提高 CPU 的性能和速度。在使用相同的晶片技术和相同的运行时钟下，RISC 系统的运行速度是 CISC 的 2～4 倍。正由于 RISC 体系所具有的优势，使得它在高端系统得到了广泛的应用。例如，ARM 以及大多数 32 位的处理器都采用 RISC 体系结构。

ATMEL 公司的 AVR 是 8 位单片机中第一个真正的 RISC 结构的单片机。它采用了大型快速存取寄存器组、快速的单周期指令系统以及单级流水线等先进技术，使得 AVR 单片机具有高达 1MIPS/MHz 的高速运行处理能力。

AVR 采用流水线技术，在前一条指令执行的时候，就取出现行的指令，然后以一个周期执行指令，大大提高了 CPU 的运行速度。而在其他的 CISC 以及类似的 RISC 结构的单片机中，外部振荡器的时钟被分频降低到传统的内部指令执行周期，这种分频最大达 12 倍（如 8051）。

另外一点，传统的基于累加器的结构单片机（如 8051）需要大量的程序代码来完成和实现在累加器和存储器之间的数据传送。而在 AVR 单片机中，由于采用 32 个通用工作寄存器构成快速存取寄存器组，用 32 个通用工作寄存器代替了累加器，从而避免了在传统结构中累加器和存储器之间数据传送造成的瓶颈现象，进一步提高了指令的运行效率和速度。

随着电子产品更新换代的周期缩短以及不断向高端发展，为了加快产品进入市场的时间和简化系统的设计、开发、维护和支持，对于以单片机为核心所组成的高端嵌入式系统来说，用高级语言编程已成为一种标准设计方法。AVR 单片机采用 RISC 结构，其目的就是在于能够更好地采用高级语言（如 C 语言、BASIC 语言）来编写嵌入式系统的系统程序，从而能高效地开发出目标代码。

AVR 单片机采用低功率、非挥发的 CMOS 工艺制造，内部分别集成 Flash、EEPROM 和 SRAM 3 种不同性能和用途的存储器。除了可以通过使用一般的编程器（并行高压方式）对 AVR 单片机的 Flash 程序存储器和 EEPROM 数据存储器进行编程外，大多数的 AVR 单片机还具有 ISP 在线编程的特点以及 IAP 在应用编程的特点。这些优点为使用 AVR 单片机开发设计和生产产品提供了极大的方便。在产品的设计生产中，可以"先装配后编程"，从而缩短了研发周期、工艺流程，并且还可以节约购买开发仿真编程器的费用。同样，对于学习和使用 AVR 单片机的用户来说，也不必购买昂贵的开发仿真硬件设备，只需要具备一套好的 AVR 开发软件平台，就可以从事 AVR 单片机系统的学习、设计和开发工作了。

2. AVR 单片机的主要特点

AVR 单片机吸取了 PIC 及 8051 等单片机的优点，同时在内部结构上还做了一些重大改进，其主要的优点如下。

（1）程序存储器为价格低廉、可擦写 1 万次以上、指令长度单元为 16 位（字）的 FlashROM（即程序存储器宽度为 16 位，按 8 位字节计算时应乘以 2）。而数据存储器为 8 位。因此 AVR 还是属于 8 位单片机。

（2）采用 CMOS 技术和 RISC 架构，实现高速（50ns）、低功耗（μA）、SLEEP（休眠）功能。AVR 的一条指令执行速度可达 50ns（20MHz），而耗电则为 1μA～2.5mA。AVR 采用 Harvard 结构，以及一级流水线的预取指令功能，即对程序的读取和数据的操作使用不同的数据总线，因此，当执行某一指令时，下一指令被预先从程序存储器中取出，这使得指令可以在每一个时钟周期内被执行。

（3）高度保密。可多次烧写的 Flash 具有多重密码保护锁定（LOCK）功能，因此可低价快速完成产品商品化，且可多次更改程序（产品升级），方便了系统调试，而且不必浪费 IC 或电路板，大大提高了产品质量及竞争力。

（4）工业级产品。具有大电流 10～20mA（输出电流）或 40mA（吸电流）的特点，可直接驱动 LED、SSR 或继电器。有看门狗定时器（WDT）安全保护，可防止程序跑飞，提高产品的抗干扰能力。

（5）超功能精简指令。具有 32 个通用工作寄存器（相当于 8051 中的 32 个累加器），克服了单一累加器数据处理造成的瓶颈现象。片内含有 128B～4KB 的 SRAM，可灵活使用指令运算，适合使用功能很强的 C 语言编程，易学、易写、易移植。

（6）程序写入器件时，可以使用并行方式写入（用编程器写入），也可使用串行在线下载（ISP）、在应用下载（IAP）方法下载写入。也就是说不必将单片机芯片从系统板上拆下拿到万用编程器上烧录，而可直接在电路板上进行程序的修改、烧录等操作，方便产品升级，尤其是对于使用 SMD 表贴封装器件，更利于产品微型化。

（7）通用数字 I/O 口的输入输出特性与 PIC 的 HI/LOW 输出及三态高阻抗 HI-Z 输入类同，同时可设定类同与 8051 结构内部有上拉电阻的输入端功能，便于作为各种应用特性所需（多功能 I/O 口）。AVR 的 I/O 口是真正的 I/O 口，能正确反映 I/O 口的输入/输出的真实情况。

（8）单片机内集成有模拟比较器，可组成廉价的 A/D 转换器。

（9）像 8051 一样，有多个固定中断向量入口地址，可快速响应中断；而不是像 PIC 一样所有中断都在同一向量地址，需要以程序判别后才可响应，这会浪费且失去控制时机的最佳机会。

（10）同 PIC 一样，带有可设置的启动复位延时计数器。AVR 单片机内部有电源上电启动计数器，当系统 RESET 复位上电后，利用内部的 RC 看门狗定时器，可延迟 MCU 正式开始读取指令执行程序的时间。这种延时启动的特性，可使 MCU 在系统电源、外部电路达到稳定后再正式开始执行程序，提高了系统工作的可靠性，同时也可节省外加的复位延时电路。

（11）具有多种不同方式的休眠省电功能和低功耗的工作方式。

（12）许多 AVR 单片机具有内部的 RC 振荡器，提供 1MHz/2MHz/4MHz/8MHz 的工作时钟，使该类单片机无需外加时钟电路元器件即可工作，非常简单和方便。

（13）有多个带预分频器的 8 位和 16 位功能强大的计数器/定时器（C/T），除了实现普通的定时和计数功能外，还具有输入捕获、产生 PWM 输出等更多的功能。

（14）性能优良的串行同/异步通信 USART 口，不占用定时器。可实现高速同/异步通信。

（15）ATmega8515 及 ATmega128 等芯片具有可并行扩展的外部接口，扩展能力达 64KB。

（16）工作电压范围为 2.7～6.0V，具有系统电源低电压检测功能，电源抗干扰性能强。

（17）有多通道的 10 位 A/D 及实时时钟 RTC。许多 AVR 芯片内部集成了 8 路 10 位 A/D 接口，如 ATmega8、ATmega16 等。

（18）AVR 单片机还在片内集成了可擦写 10 万次的 EEPROM 数据存储器，等于又增加了一个芯片，可用于保存系统的设定参数、固定表格和掉电后的数据的保存。即方便了使用，减小了系统的空间，又大大提高了系统的保密性。

3. ATmega16 单片机

本书将以性能适中的 ATmega16 为主线，介绍和讲述 AVR 单片机的组成，以及如何应用在嵌入式系统中。在正式的产品开发与设计时，设计者可根据系统的实际需要选择合适型号的 AVR 单片机。

ATmega16 芯片具备了 AVR 系列单片机的主要特点和功能，不仅适合应用于产品设计，同时也方便初学者入门，其主要特点如下。

（1）采用先进 RISC 结构的 AVR 内核。

① 131 条机器指令，且大多数指令的执行时间为单个系统时钟周期。

② 32 个 8 位通用工作寄存器。

③ 工作在 16MHz 时具有 16MIPS 的性能。

④ 配备只需要 2 个时钟周期的硬件乘法器。

（2）片内含有较大容量的非易失性的程序和数据存储器。

① 16KB 在线可编程（ISP）Flash 程序存储器（擦除次数 > 1 万次），采用 Boot Load 技术支持 IAP 功能。

② 1KB 的片内 SRAM 数据存储器，可实现 3 级锁定的程序加密。

③ 512B 片内在线可编程 EEPROM 数据存储器（寿命 > 10 万次）。

（3）片内含 JTAG 接口。

① 支持符合 JTAG 标准的边界扫描功能，用于芯片检测。

② 支持扩展的片内在线调试功能。

③ 可通过 JTAG 口对片内的 Flash、EEPROM、配置熔丝位和锁定加密位实施下载编程。

（4）外围接口。

① 2 个带有分别独立、可设置预分频器的 8 位定时器/计数器。

② 1 个带有可设置预分频器，具有比较、捕捉功能的 16 位定时器/计数器。

③ 片内含独立振荡器的实时时钟 RTC。

④ 4 路 PWM 通道。

⑤ 8 路 10 位 ADC。

⑥ 面向字节的两线接口 TWI（兼容 I^2C 硬件接口）。

⑦ 1 个可编程的增强型全双工的、支持同步/异步通信的串行接口 USART。

⑧ 1 个可工作于主机/从机模式的 SPI 串行接口（支持 ISP 程序下载）。

⑨ 片内模拟比较器。

⑩ 内含可编程的、具有独立片内振荡器的看门狗定时器 WDT。

（5）其他的特点。

① 片内含上电复位电路以及可编程的掉电检测复位电路 BOD。

② 片内含有内部 1MHz/2MHz/4MHz/8MHz 晶振，经过标定的、可校正的 RC 振荡器，可作为系统时钟使用。

③ 多达 21 个各种类型的内外部中断源。

④ 有 6 种休眠模式支持省电方式工作。

（6）宽电压、高速度、低功耗。

① 工作电压范围：ATmega16L 2.7～5.5V，ATmega16 4.5～5.5V。

② 运行速度：ATmega16L 0～8MHz，ATmega16 0～16MHz。

③ 低功耗：ATmega16L 工作在 1MHz、3V、25℃时的典型功耗为：正常工作模式 1.1mA，空闲工作模式 0.35mA，掉电工作模式 < 1μA。

（7）芯片引脚和封装形式。

ATmega16 共有 32 个可编程的 I/O 口（脚），芯片封装形式有 40 引脚的 PDIP、44 引脚的

TQFP 和 44 引脚的 MLF 封装（贴片形式），如图 1-2～图 1-5 所示。具体引脚说明将在后续项目任务中详细叙述。

图 1-2　PDIP-40 封装

图 1-3　TQFP/MLF-44 封装

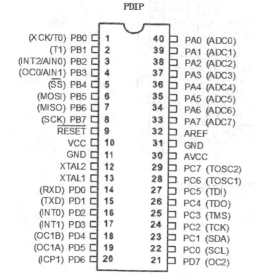

图 1-4　PDIP-40 封装管脚图

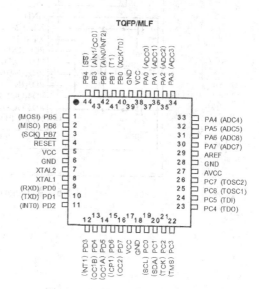

图 1-5　TQFP/MLF-44 封装管脚图

三、AVR 单片机最小应用系统

一个单片嵌入式系统的核心，其实就是一个单片机最小系统。它仅仅由一片单片机芯片、两个电阻、一个石英晶体和两个电容构成，如图 1-6 所示。

图 1-6 虚线框里几个器件所构成的最小系统，就是一颗单片嵌入式系统完整的心脏和大脑，可以工作了。当然，没有相应的外围电路，我们还是不能直观地了解它的工作情况。因此图 1-6 中还有一个简单的外围电路——一个发光二极管和一个限流保护电阻。我们可以编写一个简单的程序，其功能让发光二极管每间隔 1s 闪烁一次，循环往复。把程序的运行代码下载到 ATmega16 的程序存储器中，一个秒节拍输出显示装置就诞生了。只要一接通电源，ATmega16 就以 4M/s 的工作频率运行，驱动发光二极管每间隔 1s 闪烁一次（具体实现根据程序设定）。

在图 1-6 中，采用了在 ATmega16 引脚 XTAL1 和 XTAL2 上外接由石英晶体和电容组成的谐振回路，并配合片内的 OSC（Oscillator）振荡电路构成的振荡源作为系统时钟源。更简单的电路是直接使用片内的 4MΩ 的 RC 振荡源，这样就可以将 C1、C2、R2 和 4MΩ 晶体省掉，引脚 XTAL1 和 XTAL2 悬空，此时系统时钟频率精准度不如采用外部晶体的方式，而且也易受到温度变化的影响。图中电阻 R1 起了上拉电阻的作用，R3 起了限流的作用。

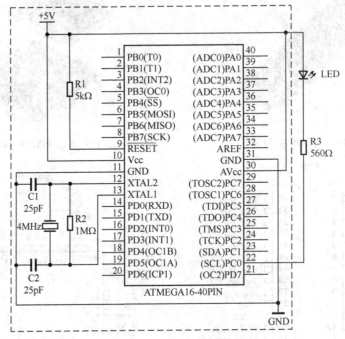

图 1-6　ATmega16 最小系统电路图

项目二

AVR 单片机系统开发与设计工具

一、WinAVR+AVR Studio 软件开发环境使用

在学习和掌握如何应用单片机来设计和开发嵌入式系统时，除了要对所使用的单片机有全面和深入的了解外，配备和使用一套好的开发环境和开发平台也是必不可少的。在嵌入式系统的设计开发中，选用了好的开发工具和开发平台，往往能加速嵌入式应用系统的研制开发、调试、生产和维修，起到事半功倍的效果。

1. AVR 单片机嵌入式系统的开发平台 AVR Studio

ATMEL 公司为开发使用 AVR 单片机提供了一套免费的集成开发平台 AVR Studio。该平台软件支持 AVR 汇编程序、GCCAVR 和 ICCAVR（ICC7 以上版本）的编辑、编译、连接以及生成目标代码。同时，AVR Studio 平台配合 ATMEL 公司设计推出了多种类型的仿真器，如 JTAG ICE、JTAGICE MKII 等，以实现系统的在线硬件仿真调试功能和目标代码的下载功能。

由于 AVR 单片机的程序存储器采用的是可多次下载的 Flash 存储器，具有可在线下载（ISP）等优良特性，给学习和使用都带来极大的方便。AVR 自身的 JTAG 接口可通过 JTAG 接口直接将程序下载到目标 MCU，然后通过 JTAG 协议调试，捕获功能数据，这对于初学者学习单片机是十分便利的。

2. WinAVR

传统的单片机开发以汇编语言为主，其具有执行效率高、容易估算执行时间等优点，但其编程效率低，且可移植性和可读性差，维护不方便。而 C 语言则恰好相反，现在大多数的单片机应用系统以 C 语言开发为主，只有在一些对时序要求较高的场合，采用汇编语言。基于此我们学习的单片机以 C 语言开发为主，使用 WinAVR 编译系统。

（1）GCCAVR 简介。GCCAVR 是一种使用符合 ANSI 标准的 C 语言来开发微控制器 MCU 程序的工具，它有以下几个主要特点。

① GCCAVR 是一个综合了编辑器和工程管理器的集成工作环境 IDE，其可在 Windows 9X/NT 及其以上版本下工作。

② 源文件全部被组织到工程之中，文件的编辑和工程的构筑也在这个环境中完成，编译错误显

示在状态窗口中，并且当用鼠标单击编译错误时，光标会自动跳转到编辑窗口中引起错误的那一行。

③ 这个工程管理器还能直接产生您希望得到的可以直接使用的 INTEL HEX 格式文件，INTEL HEX 格式文件可被大多数编程器所支持，用于下载程序到芯片中去。

④ GCCAVR 是一个 32 位的程序，支持长文件名。

（2）GCCAVR 中的文件扩展类型

文件类型是由它们的扩展名决定的，IDE 和编译器可以使用以下几种类型的文件。

① 输入文件。

.c 扩展名表示是 C 语言源文件。

.s 扩展名表示是汇编语言源文件。

.h 扩展名表示是 C 语言的头文件。

.prj 扩展名表示是工程文件，这个文件保存由 IDE 所创建和修改的一个工程的有关信息。

.a 扩展名库文件，它可以由几个库封装在一起。libcavr.a 是一个包含了标准 C 的库和 AVR 特殊程序调用的基本库。如果库被引用，链接器会将其链接到您的模块或文件中，同时，您也可以创建或修改一个符合需要的库。

② 输出文件。

.s：对应每个 C 语言源文件，由编译器在编译时产生的汇编输出文件。

.o：由汇编文件汇编产生的目标文件，多个目标文件可以链接成一个可执行文件。

.hex：INTEL HEX 格式文件，其中包含了程序的机器代码。

.eep：INTEL HEX 格式文件，包含了 EEPROM 的初始化数据。

.cof：COFF 格式输出文件，用于在 ATMEL 的 AVR Studio 环境下进行程序调试。

.lst：列表文件，在这个文件中列举出了目标代码对应的最终地址。

.mp： 内存映象文件，它包含了您程序中有关符号及其所占内存大小的信息。

.cmd：NoICE 2.xx 调试命令文件。

.noi：NoICE 3.xx 调试命令文件。

.dbg：ImageCraft 调试命令文件。

二、程序编译及下载

1. 工程文件的建立与编译

（1）在桌面上双击 AVR Studio4 快捷方式，或者在程序里面选择 Atmel AVR tools→AVR Studio4，如图 2-1 所示。

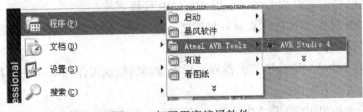

图 2-1　打开程序编译软件

（2）打开软件后出现如图 2-2 所示的对话框，"New Project"选项为新建工程，"Open"选项为打开已有的项目文件。按下"New project"选项后出现如图 2-3 所示的对话框。

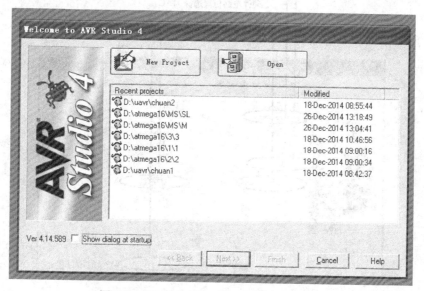

图 2-2　"Welcome to AVR Studio 4"对话框

（3）新建工程文件。按照图 2-3 所示步骤，选择"AVR GCC"选项，输入工程名，确定存储路径，完成后单击"Next"选项。

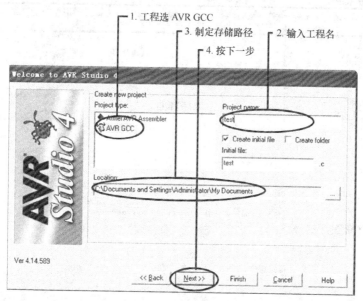

图 2-3　新建工程文件

（4）工程名确定后，根据需要设置调试平台（如图 2-4 所示步骤 1-1、1-2、1-3 有多种可选项），选择芯片型号，本书选择 ATmega16 单片机，单击"Finish"选项，完成一个工程的新建工作，出现如图 2-5 所示的界面。

（5）在图 2-5 所示的界面中，分别出现"工程窗口""源程序窗口""寄存器窗口""信息窗口"等，如需要其他窗口可根据需要在菜单栏"View"—"Toolbars"中选择。

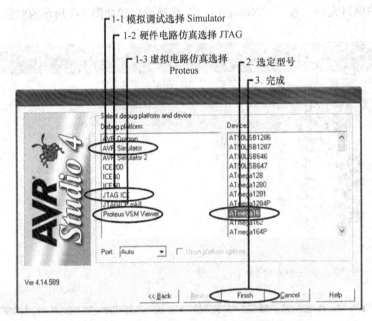

图 2-4　设置模拟调试平台和选择芯片型号

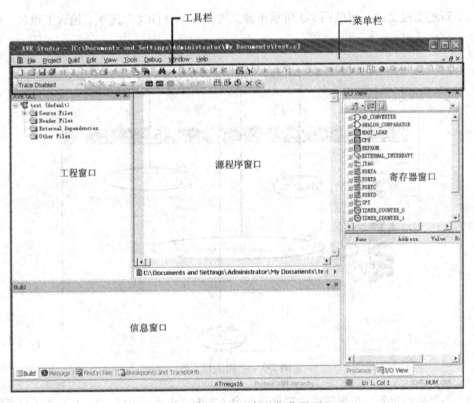

图 2-5　建立工程文件的操作界面

（6）在编程程序前还需要对软件进行芯片频率、编译优化、头文件路径以及库函数路径等设置，步骤如图 2-6~图 2-9 所示。

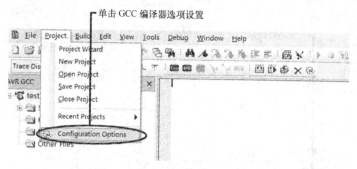

图 2-6　单击进入 GCC 编译设置

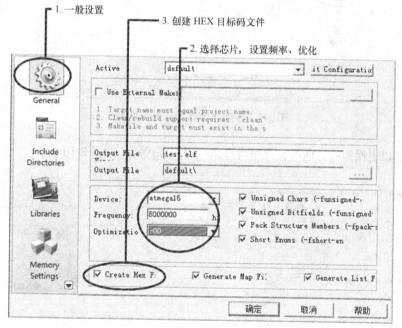

图 2-7　选择芯片和输入工作频率

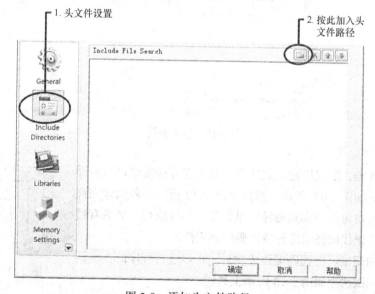

图 2-8　添加头文件路径

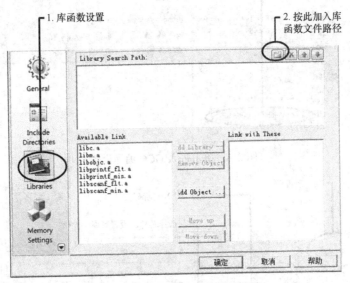

图 2-9　添加库文件路径并按确定

（7）完成以上操作后，即可在程序窗口编写程序源代码，如图 2-10 所示。

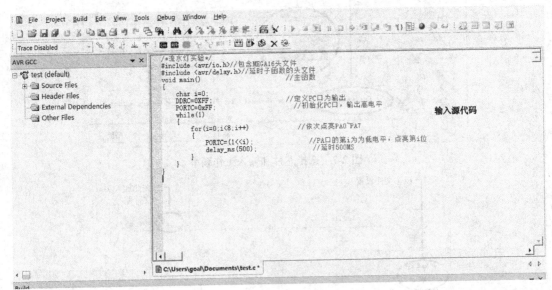

图 2-10　输入源代码

（8）编译代码：源代码输入完成后、载入芯片前需要进行编译工作，编译工具如图 2-11 所示。当按照图 2-12 所示步骤编译完代码后，在信息窗口可以观察到编译结果，提示编译成功。如果有错误，可以根据错误代码提示进行源代码的相应修改。

（9）程序的调试。源代码编译成功后，可以进行程序的在线调试工作。具体调试选项如图 2-13 所示工具栏。

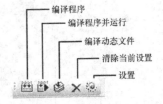

图 2-11　编译工具栏

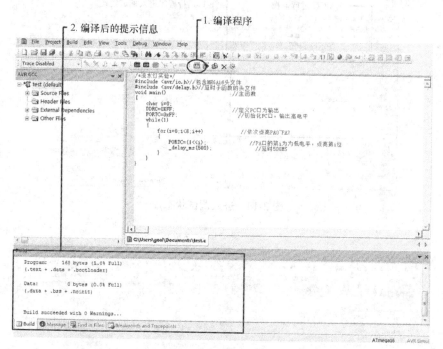

图 2-12　编译源程序

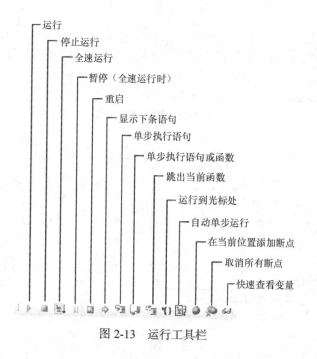

图 2-13　运行工具栏

（10）单击工具栏 ▶ 运行按钮进入调试状态，如图 2-14 所示。程序当前执行在黄色指针处，此时可在左侧窗口监控 MCU 运行情况。单击全速运行按钮可以进行程序全速仿真，如图 2-15 所示；也可单击单步运行按钮，此时可以在寄存器窗口观察相应寄存器的实时状态，如图 2-16 所示。

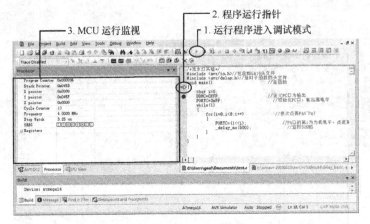

图 2-14　进入调试状态

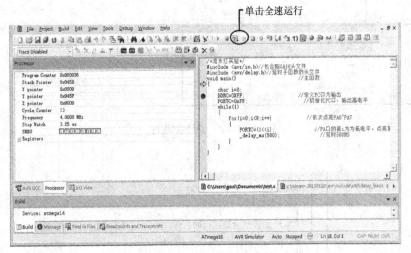

图 2-15　程序全速仿真

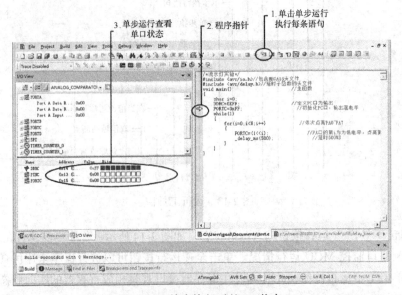

图 2-16　单步执行后的 IO 状态

2. 示例程序说明

程序使用芯片 ATmega16，频率为 8MHz。如使用其他芯片，需修改模拟调试选项中的芯片型号，并修改程序中的头文件包含。程序所完成的功能：PC0 接一 LED。以 2Hz 的频率闪烁，示例程序如下。

```c
//GCC 在 AVR Studio 环境下的直接应用
#include <avr/io.h>              //包含 MEGA16 头文件
#include <avr/delay.h>           //延时子函数的头文件
void main(void)
{
    DDRC=0x01;                   //PC0 为输出
    while(1)
    {
        if(PORTC&0x01)           //如果 PC0 已经为高电平，则输出低电平
            PORTC&=0xfe;         //输出低电平
        else                     //如果 PC0 已经为低电平，则输出高电平
            PORTC|=0x01;         //输出高电平
        delay_ms(250);
    }
}
```

3. AVR 的 JTAG（ISP）下载

除通过软件对程序进行仿真外，我们还可以直接通过硬件对程序进行调试。基于 AVR 单片机的硬件电路（如图 2-17 所示的实验箱），可以使用 JTAG 或者 ISP 进行程序下载和在线仿真，直接观察实际电路或者原件的效果。图 2-4 选择 JTAG ICE 调试方式，程序编译通过后，既可以在线仿真，也可以将程序下载到 ATmega16 中直接运行。根据图 2-18，通过单击"Con"连接按钮弹出如图 2-19 所示的对话框。选择"STK500 or AVRISP"（JTAG 下载需要选择 JTAG ICE），之后单击对话框右侧的"Connect"按钮，出现如图 2-20 所示的对话框。选择要下载到单片机中已经编译好的 HEX 文件，再单击"Program"按钮即可。

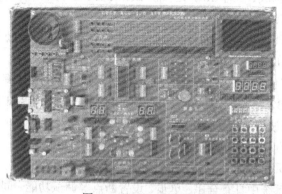

图 2-17　AVR 试验箱硬件电路

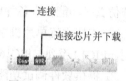

连接

连接芯片并下载

图 2-18　下载工具栏

在今后的项目实训中，也要注意根据试验硬件电路编写程序。不看硬件电路，直接编写程序，任意使用 I/O 口，这样编写出来的程序虽在仿真中可以实现，但使用实际硬件可能就没有效果。所以在编程前一定要对硬件电路有着透彻的理解，这样才能将软件调试和硬件仿真结合

起来，达到事半功倍的效果。

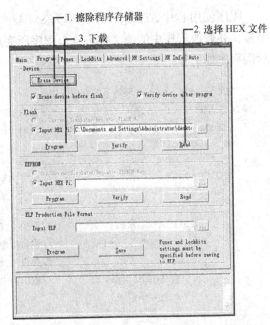

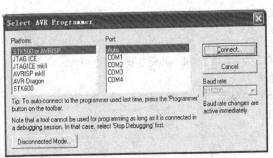

图 2-19　调试平台和端口选择画面　　　　图 2-20　程序下载界面

三、AVR 单片机软件仿真

Proteus 软件具有和其他 EDA 工具一样的原理图编辑、印刷电路板（PCB）设计及电路仿真功能，最大的特色是其电路仿真的交互化和可视化。通过 Proteus 软件的 VSM（虚拟仿真模式），用户可以对模拟电路、数字电路、模数混合电路、单片机及外围元器件等电子线路进行系统仿真。

Proteus 软件由 ISIS 和 ARES 两部分构成，其中 ISIS 是一款便捷的电子系统原理设计和仿真平台软件，ARES 是一款高级的 PCB 布线编辑软件。

Proteus ISIS 是一种操作简便而又功能强大的原理图编辑工具，它运行于 Windows 操作系统上，可以仿真、分析各种模拟器件和集成电路。该软件的特点如下。

① 实现了单片机仿真和 SPICE 电路仿真的结合。具有模拟电路仿真、数字电路仿真、单片机及其外围电路组成的系统仿真、RS232 动态仿真、I^2C 调试器、SPI 调试器、键盘和 LCD 系统仿真等功能；有各种虚拟仪器，如示波器、逻辑分析仪、信号发生器等。

② 支持主流单片机系统的仿真。目前支持的单片机类型有 68000 系列、8051 系列、AVR 系列、PIC12 系列、PIC16 系列、PIC18 系列、Z80 系列、HC11 系列以及各种外围芯片。

③ 提供软件调试功能。在硬件仿真系统中具有全速、单步、设置断点等调试功能，同时可以观察各个变量、寄存器等的当前状态，因此在该软件仿真系统中，也必须具有这些功能；同时支持第三方的软件编译和调试环境，如 Keil C51 uVision 2 等软件。

④ 具有强大的原理图绘制功能。

总之，该软件是一款集单片机和 SPICE 分析于一身的电路设计和仿真软件，功能极其强大。

1. 软件打开

双击桌面的"ISIS 7 Professional"图标或者单击屏幕左下方的"开始"→"程序"→"Proteus 7 Professional"→"ISIS 7 Professional",出现如图 2-21 所示的界面,进入 Proteus ISIS 集成环境。

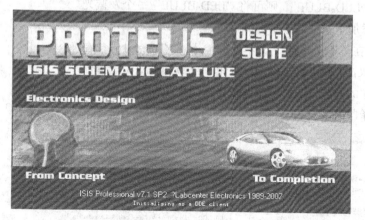

图 2-21　启动时的界面

2. 工作界面

Proteus ISIS 的工作界面是一种标准的 Windows 界面,如图 2-22 所示,包括标题栏、主菜单、标题工具栏、绘图工具栏、状态栏、对象选择按钮、仿真进程控制按钮、预览窗口、对象选择窗口、图形编辑窗口等。

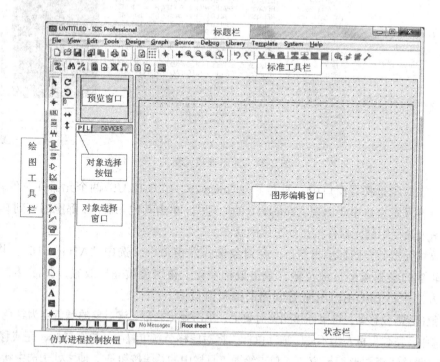

图 2-22　Proteus ISIS 的工作界面

(1)将所需元器件加入到对象选择器窗口。

① 单击对象选择器按钮,图 2-23 所示中的"P"按钮。

② 弹出"Pick Devices"对话框，在"Keywords"文本框中输入"led"，系统在对象库中进行搜索查找发光二极管，并将搜索结果显示在"Results"中，如图 2-24 所示。在"Results"栏的列表项中双击"LED-BLUE"，则可将"LED-BLUE"一个发蓝光的发光二极管添加至对象选择器窗口。

③ 同样，在"Keywords"文本框中输入"ATmega16"，在搜索的结果中双击，则可将 ATmega16 单片机添加到对象选择器窗口。采用同样的方法，我们可以选取在试验中所需要的器件，添加至对象选择器窗口。

图 2-23 添加元器件

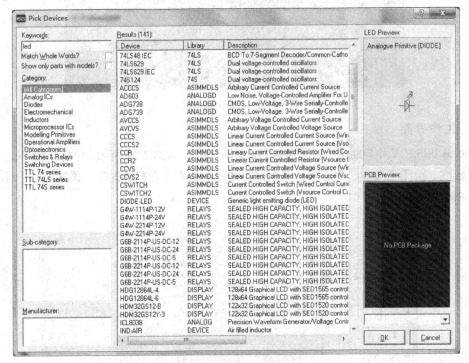

图 2-24 搜索查找元器件

此时，在对象选择器窗口中，便有了 ATmega16、LED-BLUE 两个元器件对象。若单击 ATmega16，在预览窗口中会出现 ATmega16 的原理图，单击其他元器件，都能浏览到其原理图。此时，绘图工具栏中的元器件按钮处于选中状态。

（2）放置元器件至图形编辑窗口。在对象选择器窗口中，选中"ATmega16"，将鼠标置于图形编辑窗口该对象的欲放位置，单击鼠标左键，该对象被完成放置，如图 2-25 所示。用同样的方法，将 LED-BLUE 放置到图形编辑窗口中。

若对象位置需要移动，将鼠标移到该对象上，单击鼠标右键。该对象的颜色变为红色，表明该对象已被选中，按住鼠标左键不放，拖动鼠标，将对象移至新位置后，松开鼠标，完成移动操作。

（3）放置总线至图形编辑窗口。单击绘图工具栏中的总线按钮，使之处于选中状态。将鼠标置于图形编辑窗口，单击鼠标左键，确定总线的起始位置；移动鼠标，屏幕出现粉红色细直线，在总线的终了位置，单击鼠标左键，再单击鼠标右键，以表示确认并结束绘制总线操作。此后，粉红色细直线被蓝色的粗直线所代替。

（4）元器件之间的连线。Proteus 的智能化可以在想要画线的时候进行自动检测。下面来操作将 LED 的正极连接到单片机的 PC0 管脚。当鼠标靠近 LED 正极的连接点时，跟着鼠标的指针就会出现一个"X"号，表示找到了 LED 的连接点。单击鼠标左键，移动鼠标（不用拖动鼠标），将鼠标的指针靠近单片机的 PC0 管脚，鼠标的指针就会出现一个"X"号，表示找到了单片机的连接点，同时屏幕上出现了粉红色的连线，单击鼠标左键粉红色的连接线变成了深绿色，即完成了本次连线。

Protues 具有线路自动路径功能（简称 WAR），当选中两个连接点后，WAR 将选择一个合适的路径连线。WAR 可通过使用标准工具栏里的"WAR"命令按钮来关闭或打开，也可以在菜单栏的"Tools"下找到这个图标。.

同理，可以完成其他连线。在此过程的任何时刻，都可以按"Esc"键或者单击鼠标右键来放弃画线。

（5）元器件与总线连接。单击绘图工具栏中的导线标签按钮"LBL"，使之处于选中的状态。将鼠标置于图形编辑窗口元件的一端，移动鼠标，然后连接到总线上，再接着移动鼠标到元件与总线连接线上的某一点，将出现一个"X"号，表明找到了可以标注的导线，单击鼠标左键，弹出编辑到线标签窗口，如图 2-26 所示。

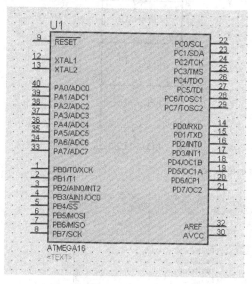

图 2-25　放置到图形编辑窗口

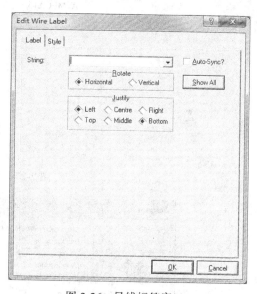

图 2-26　导线标签窗口

在"String"栏中，输入标签的名称，单击"OK"按钮，结束对该导线的标签标定。同理，可以标注其他导线的标签。注意，在标定导线标签的过程中，相互接通的导线必须标注相同的标签名。具有相同的标号，电气是连接的，这一点在 Protel 绘制原理图时，体现得尤为明显。至此，便完成了整个电路图的绘制。由于在下一节的例子中，要完成跑马灯的电路设计，所以根据项目要求，设计硬件电路如图 2-27 所示。

3. AVR Studio 与 Proteus 的联调

参考以上设计的原理图，我们确定设计的内容是实现简单的流水灯功能，假若 AVR Studio 和 Proteus 都已经正确地安装在计算机中。根据前面内容，我们首先打开软件 AVR Studio，建立项目，因为采用 Proteus 软件来进行仿真，所以需要注意的是在项目调试平台和期间选择窗口中需要选择"Proteus VSM Viewer"选项，如图 2-28 所示。（若要进行硬件仿真，在选择平台的时候选择"JTAG ICE"）

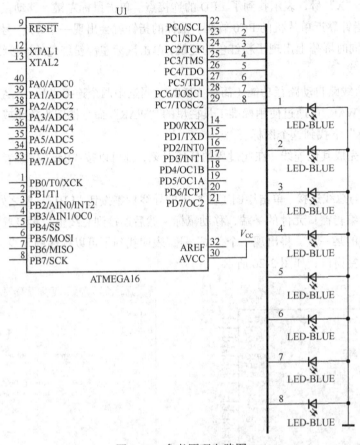

图 2-27　参考原理电路图

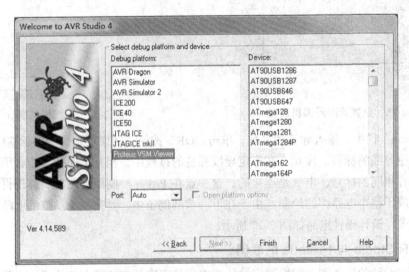

图 2-28　选择"Proteus VSM Viewer"

选择"Finish"，就进入了编程的主界面。在程序编写区敲入下面一段程序，实现流水灯功能。

```
/*流水灯实验*/
#include <avr/io.h>                //包含 ATmega16 头文件
#include <avr/delay.h>             //延时子函数的头文件
int main()                         //主函数
{
    char i=0;
    DDRC=0XFF;                     //定义 PC 口为输出
    PORTC=0xFF;                    //初始化 PC 口，输出高电平
    while(1)
    {
        for(i=0;i<8;i++)           //依次点亮 PA0～PA7
        {PORTC=(1<<i);             //PA 口的第 i 位为低电平，点亮第 i 位
        delay_ms(500); }           //延时 500ms
    }
}
```

　　键入程序后单击"编译源文件"按钮，检查是否有语法错误。这时编译器会将编译后的信息显示在编译信息栏中。在编译完成后，我们需要通过 Proteus 软件仿真硬件电路，来观察流水灯运行的效果。但是在一般情况下，AVR Studio 软件不会自动载入 Proteus 电路原理图，所以需要我们进行设置。单击"Debug"按钮，在弹出的下拉菜单中选择"Select Platform and Device"选项，如图 2-29 所示，再次进入项目测试平台和期间选择画面，选择 "Proteus VSM Viewer"选项，这时就能在 AVR Studio 中看到 Proteus 选项了，如图 2-30 左侧所示。

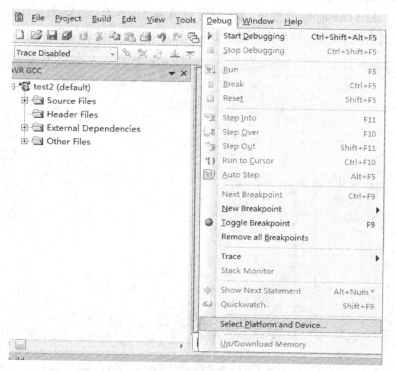

图 2-29　联调 Proteus

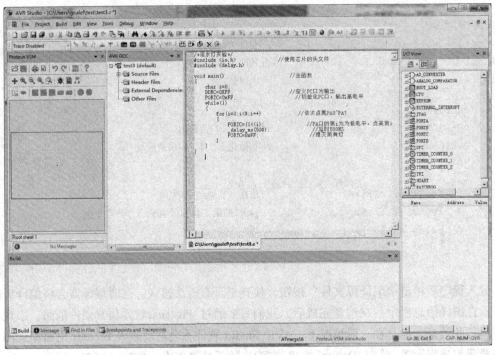

图 2-30　调出 Proteus VSM 界面

　　单击 Proteus VSM 界面中左上角的"打开文件"按钮，找到之前画好的原理图，再单击打开，就把流水灯的原理图载入到当前的 AVR Studio 编译主界面中。在硬件电路和程序都没有问题的前提下，单击"Start Debugging"按钮，就进入了仿真调试的界面。最后单击"Run"按钮全速运行，就可以看到小灯像流水一样依次点亮，实现了设计要求，实验效果截图如图 2-31 所示。

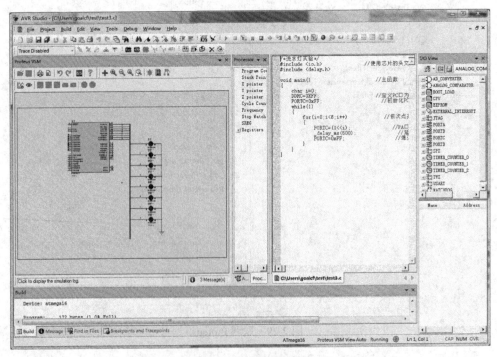

图 2-31　流水灯点亮效果

　　综上，本项目以点亮流水灯这个 I/O 口应用实验为例，具体介绍了用 AVR Studio 软件和 Proteus 软件进行联调的步骤。可以看出通过这种方式，在进行一些基本实验时，我们可以脱离实际硬件的设计，采取软件仿真的形式实现硬件的功能，从而看到效果，这样不仅节省了实验的时间，提高效率，更重要的是降低了成本。但是事实上，Proteus 软件仿真不能完全代替硬件设计，在单片机的试验过程中更加不能脱离实际硬件的设计和焊接，因为只有在对实际器件进行操作时，我们才能发现通过软件仿真发现不了的问题，而培养解决这些问题的能力，才是我们学习单片机的目的所在。所以，AVR Studio 软件和 Proteus 软件进行联调是一种实验手段，但我们不能完全依赖这种方法。在单片机学习过程中，同学们更应该实际动手设计、制作、调试，才能从硬件上真正提高自己的水平。

项目三

AVR 单片机 C 语言初识

　　单片机要完成特定功能必须通过执行特定的程序来实现，程序是由一系列指令组成的，单片机最终能够理解并执行的是以二进制代码表示的机器语言。机器语言难以阅读和理解，通常单片机开发主要采用汇编语言和 C 语言两种。

　　汇编语言代码效率高，但是难以进行大规模程序设计，不易阅读，不能移植。C 语言移植性好，语言简洁，表达能力强，可进行结构化程序设计，还可以直接进行硬件的操作，生成的代码质量较高。用 C 语言进行单片机开发不必过于关心单片机内部结构细节，不要求掌握单片机的指令集、寄存器分配、存储器寻址等。对于初学者来说，使用 C 语言进行单片机开发是很好的选择。

一、C 语言程序组成的识读

1. C 语言程序结构

　　C 语言程序由若干个函数组成，每个函数都是完成某个特定任务的子程序，组成一个程序的若干个函数可以保存在一个源文件中，也可以保存在几个源程序文件中，编译器编译时再将它们连接在一起。C 语言源文件的扩展名为 ".c"，可以是 LED.c、PWM.c、Timer.c 等带 ".c" 后缀的文件。

　　一个 C 语言源程序有且只有一个主函数，其名称是 main( )。C 语言的程序执行都是从 main( ) 开始的。

```
#include <avr/io.h>                        //加入预处理头文件
int main( )                                //主函数
{                                          //大括号，函数体的开始
    unsigned char b=0,direction=0;         //变量类型说明
    DDRA=0XFF;                             //寄存器赋值语句
    while(1)                               //循环语句
    {
        if(direction==0)                   //条件判断
```

```
        PORTA=0x01<<b;                  //寄存器赋值
    else
        PORTA=0x80>>b;                  //寄存器赋值
    if(++b==8)                          //条件判断
    {
        b=0;                            //变量赋值
        direction=!direction;           //变量赋值
    }
    _delay_ms(250);                     //调用函数
    }
}                                       //大括号，函数体结束
```

C语言程序一般要加入一些外部的定义，如第一行的"#include <avr/io.h>"，这种以"#"开头的指令叫预处理指令。不会生成可执行的程序代码，一般用来加入一些头文件。

在这里，main是主函数的名称，在C语言中所有的函数名后面必须有一对小括号"( )"，可以是空的也可以是包括参数类型的说明。函数名称前面通常要有返回值的类型，在WinAVR的C语言中主函数的返回值类型为int，与通常的主函数返回值类型为空不同。

函数要执行的内容即为函数体，函数体必须要用大括号"{}"括起来。在函数体中包含若干条语句，有时一段语句在一定条件下才会执行，也用大括号"{}"括起来。程序执行是按照从上到下的顺序执行的，在执行的过程中如有循环则反复执行某段程序，如有条件选择则在一定条件下一些语句会被执行，一些不会执行。每条语句后面都要有";"作结束标记，通常一行只写一条语句，便于阅读和加注释，注释的内容不会被程序执行。

加注释有两种方法，一种是像例程中，在语句";"后加"//"，然后在其后书写要注释的内容，这种方法只能注释一行，不能跨行；另一种方法是在需要注释的内容前加"/*"，在注释的末尾加"*/"，这种方法适合于比较长的注释内容，可以跨行，但是要注意不要在注释中嵌套，即注释的内容中不能再有"/*"和"*/"符号。

2. 标识符及关键字

C语言中的标识符即是在程序中使用的变量名、函数名、标号等。除库函数的函数名由系统定义外，其余都由用户自定义。C语言规定，标识符只能是字母（A～Z，a～z）、数字（0～9）、下划线"_"组成的字符串，并且其第一个字符必须是字母或下划线。在使用标识符时还必须注意以下几点。

① 标准C不限制标识符的长度，但它受各种版本的C语言编译系统限制，同时也受到具体机器的限制。例如，在某版本C中规定标识符前八位有效，当两个标识符前八位相同时，则被认为是同一个标识符。

② 在标识符中，大小写是有区别的。例如，BOOK和book是两个不同的标识符。

③ 标识符虽然可由程序员随意定义，但标识符是用于标识某个量的符号。因此，命名应尽量有相应的意义，以便阅读理解，达到"顾名思义"。

关键字是由C语言规定的具有特殊意义的特殊标识符，已被C语言本身使用，不能作其他用途使用，见表3-1。例如，关键字不能用作变量名、函数名等，编写程序时用户自定义的标识符不能与关键字相同。

表 3-1	C 语言关键字
关键字	说　　明
void	声明函数无返回值或无参数，声明无类型指针，显式丢弃运算结果
char	字符型类型数据，属于整型数据的一种
int	整型数据，通常为编译器指定的机器字长
float	单精度浮点型数据，属于浮点数据的一种
double	双精度浮点型数据，属于浮点数据的一种
short	修饰 int，短整型数据，可省略被修饰的 int
long	修饰 int，长整型数据，可省略被修饰的 int
signed	修饰整型数据，有符号数据类型
unsigned	修饰整型数据，无符号数据类型
struct	结构体声明
union	共用体声明
enum	枚举声明
typedef	声明类型别名
sizeof	得到特定类型或特定类型变量的大小
auto	指定为自动变量，由编译器自动分配及释放，通常在栈上分配
static	指定为静态变量，分配在静态变量区，修饰函数时，指定函数作用域为文件内部
register	指定为寄存器变量，建议编译器将变量存储到寄存器中使用，也可以修饰函数形参，建议编译器通过寄存器而不是堆栈传递参数
extern	指定对应变量为外部变量，即标示变量或者函数的定义在别的文件中，提示编译器遇到此变量和函数时在其他模块中寻找其定义
const	与 volatile 合称"cv 特性"，指定变量不可被当前线程/进程改变（但有可能被系统或其他线程/进程改变）
volatile	与 const 合称"cv 特性"，指定变量的值有可能会被系统或其他进程/线程改变，强制编译器每次从内存中取得该变量的值
return	用在函数体中，返回特定值（或者是 void 值，即不返回值）
continue	结束当前循环，开始下一轮循环
break	跳出当前循环或 switch 结构
goto	无条件跳转语句
if	条件语句，后面不需要加分号
else	条件语句否定分支（与 if 连用）
switch	开关语句（多重分支语句）
case	开关语句中的分支标记
default	开关语句中的"其他"分支，可选
for	for 循环结构，for(1;2;3)4; 的执行顺序为 1→2→4→3→2…循环，其中，2 为循环条件。在整个 for 循环过程中，表达式 1 只计算一次，表达式 2 和表达式 3 则可能计算多次，也可能一次也不计算。循环体可能多次执行，也可能一次都不执行
do	do 循环结构，do 1 while(2); 的执行顺序是 1→2→1…循环，2 为循环条件
while	while 循环结构，while(1) 2; 的执行顺序是 1→2→1…循环，1 为循环条件

3. 数据类型

C 语言规定了一系列数据类型（见表 3-2），并且严格区分。对于单片机开发来说，根据需求选择合适的数据类型非常重要，因为单片机的资源相对有限，如果变量类型选的不合适，程序会把系统的可用资源消耗掉。

表 3-2
数据类型

类　　型	位　　数	范　　围
有符号字符型[signed] char	8	−128～127
无符号字符型 unsigned char	8	0～255
有符号整型[signed] int	16	−32768～32767
无符号整型 unsigned int	16	0～65535
有符号短整型[signed] short [int]	16	−32768～32767
无符号短整型 unsigned short [int]	16	0～65535
有符号长整型[signed] long [int]	32	−2147483648～2147483647
无符号长整型 unsigned long [int]	32	0～4294967295
单精度浮点数 float	32	$-3.4 \times 10^{-38} \sim 3.4 \times 10^{38}$
双精度浮点型 double	64	$-1.7 \times 10^{-308} \sim 1.7 \times 10^{308}$

4. 常量、变量

常量指在程序运行过程中，其值不会改变的量。根据数据类型的不同，可分为整型常量、字符常量、实数型常量等。

变量是指可以改变的量。存储在系统的 RAM 中，在 C 语言中，使用者不用关心其存储的位置、占用的存储空间等细节，只要用变量名称就可以对其进行操作。原则上对于 AVR 单片机系统，应尽量选择占用资源少的数据类型作为变量，如字符型变量或整型变量。

在 C 语言中规定，使用一个变量前必须对变量进行说明。

例如，"int counter;"声明了一个整数类型的变量，变量名为"counter"。

对变量的赋值操作用 "=" 操作符。

例如，"counter=100;"是将 100 赋值给 counter 这个变量。

二、变量、运算符与表达式

C 语言有多种运算符，其功能是告诉编译器特定算数或逻辑操作的符号。C 语言的运算符有以下几类，下面分别介绍。

1. 算术运算符合算数表达式

C 语言的算数运算符有 7 个，加 "+"、减 "−"、乘 "*"、除 "/"、求余 "%"、自增 "++"、自减 "− −"，可用于各类数值运算。

其中，自增 "++"、自减 "− −" 运算符的作用是使变量的值增加或减少 1。例如：

++a：先使 a 的值加上 1，然后再使用 a 的值；a++：先使用 a 当前的值进行计算，然后再使 a 加上 1；− −a：先使 a 的值减去 1，然后再使用 a 的值；a− −：先使用 a 当前的值进行计算，然后再使 a 减去 1。

用算数运算符和括号将运算对象连接起来的式子称为算数表达式，其运算对象包括常量、变量、函数等。

2. 赋值运算

赋值号 "=" 就是赋值运算符，其作用是将赋值号右面的值赋值给左面的变量。例如，"num=5" 的作用就是将 5 赋值给变量 num。

如果赋值运算符两侧的数据类型不一致，编译器会自动按照左面的数据类型对赋值号右面的量进行强制类型转换。

C 语言还规定了复合的赋值运算符，即在 "=" 之前加上其他运算符。例如，a+=1 等价于 a=a+1。

C 语言规定可使用 10 种符合运算符：+=、−=、*=、/=、%=、<<=、>>=、&=、^=、|=。C 语言采用这种复合运算符可以简化程序，另外有助于编译器产生质量较高的模板代码。

3. 关系运算符合关系表达式

在程序中，有时需要对某些量的大小进行比较，然后根据比较结果进行相应的操作。关系运算即用于这种比较关系，比较的结果只有 "真" 或 "假" 两个值。C 语言中的关系运算符包括大于 ">"、小于 "<"、等于 "=="、大于等于 ">="、小于等于 "<="、不等于 "!="。

用关系运算符将两个表达式连接起来的式子称为关系表达式。关系表达式的值为 "真" 时，表达式的值是一个非 0 的数；当关系表达式的值为 "假" 时，表达式的值为 0。

4. 逻辑运算符和逻辑表达式

C 语言中用 "&&" 表示逻辑与运算，"||" 表示逻辑或运算，"!" 表示逻辑非运算。用逻辑运算符连接起来的式子就是逻辑表达式，逻辑表达式的值是一个逻辑量，为 "真"（1），为 "假"（0）。

5. 位运算符

C 语言中没有与二进制对应的数据类型，对位操作必须通过位运算符。能都对位进行运算使得 C 语言具有汇编语言的一些功能，在单片机系统中可以利用位运算对寄存器状态位进行查询，设置寄存器中相应的控制位，对外部输入/输出设备进行控制等。

C 语言中规定的位运算符有 "&" 按位与操作、"|" 按位或操作、"^" 按位异或操作、"～" 按位取反操作、"<<" 左移操作、">>" 右移操作。

6. 条件运算符

条件运算符要有 3 个操作对象，可以将 3 个表达式连接起来构成一个条件表达式。一般格式为：

表达式 1？表达式 2：表达式 3

条件表达式首先计算表达式 1 的逻辑值，当逻辑值为 "真" 时，将表达式 2 的值当作整个条件表达式的值；当逻辑值为 "假" 时，将表达式 3 的值当作整个条件表达式的值。

三、程序流程控制

C 语言利用条件转移和循环语句改变程序的流向，使程序根据不同情况执行不同的内容。

条件转移语句包括 if 和 switch 语句，循环控制语句包括 goto 语句、while 语句、do-while 语句和 for 语句。

1. if 语句

if 语句分为 3 种形式，下面分别介绍。

（1）if（表达式){语句;}

这种形式中，如果括号中的表达式成立，则执行"{}"中的语句，否则程序跳过"{}"中的语句，顺序执行其他语句。

（2）if（表达式){语句1;}

　　else{语句2;}

在这种形式中，如果括号中的表达式成立，则执行{语句1;}，否则执行{语句2;}。

（3）if（表达式1){语句1;}

　　else if(表达式2){语句2;}

　　else if(表达式3){语句3;}

　　⋮

　　else if(表达式n){语句n;}

　　else{语句n+1;}

在这种形式中，哪个表达式成立执行哪个语句，若都不成立，执行最后的语句。

需要说明的是，if 语句中的表达式可以是常量、变量和表达式。表达式的值是 0 表示假，条件不成立，非 0 则为真，条件成立。if 语句内可以是单条语句，也可以是"{}"括起来的多条语句。

2. switch 语句

需要多分支条件选择的时候需要使用 if 语句的第 3 种形式，如果分支很多，这种形式下程序的可读性会降低。C 语言中使用 switch 可以直接实现多分支的跳转。

```
switch（表达式）
{
    case 常量表达式 1: 语句 1; break;     //表达式等于常量表达式 1，则执行语言 1
    case 常量表达式 2: 语句 2; break;     //break 跳出 switch 语句
    ⋮                                    //表达式等于常量表达式 n，则执行语句 n
    case 常量表达式 n: 语句 n; break;     //如果表达式与所有的常量表达式均不相等则最后执行
    default 语句 n+1; break;             //default 后的语句 n+1
}
```

switch 语句括号内的表达式可以是常量、变量和表达式。case 语句后的常量表达式可以是常量或计算结果的表达式，各 case 语句的常量表达式必须不同，否则会出现矛盾。

3. goto 语句

goto 语句为无条件转移语句，可以跳转到程序的任何地方。goto 语句的一般形式为 goto 语句标号，其中语句标号用标识符表示，goto 语句常与 if 语句构成循环。例如：

```
main( )
{
```

```
    int a=1,b=10;
    loop:if(a<b)
    {
        a++;
        goto loop;
    }
}
```

4. while 语句

while 循环的一般形式为：

```
while（表达式）语句；
```

程序的执行进入 while 循环顶部时，对表达式求值，如果结果为真，则执行 while 循环体内的语句，当执行到循环底部时，马上返回到循环顶部，再次求表达式值，如果值为真则继续循环，否则跳过该循环，执行 while 循环体下面的语句。

5. do-while 语句

do-while 循环与 while 循环十分相似，区别在于 do-while 是先执行一次循环体内容再判断循环条件是否成立，成立继续循环，不成立则跳过循环语句向下执行。其一般格式为：

```
do
{语句；}
while（条件表达式）；
```

6. for 语句

for 语句是 C 语言里最常使用的一种循环语句。for 语句的使用形式灵活，不仅可以用于循环次数已知的情况，也可以用于循环次数不确定而只给出循环结束条件的情况。for 语句一般形式为：

```
for（表达式 1；表达式 2；表达式 3）{语句；}
```

for 语句执行先对表达式 1 赋值初始化，然后判断表达式 2 是否成立，即是否满足循环条件，是则执行循环体语句，然后执行表达式 3，然后再次判断表达式 2 是否成立，成立则继续循环，不成立则跳出循环执行下面的程序。

四、数组与指针

1. 数组

数组是有序数据的集合。数组所有元素具有相同的数据类型，在内存单元中占有连续的存储单元。数组中的元素具有相同的名字，元素之间通过下标来区分。数组中元素个数必须在数组声明时确定，不能在程序中修改。数组可分为一维数组、二维数组和高维数组。对于 AVR 单片机系统而言，高维数组并不适用，因此仅介绍一维数组和二维数组。

（1）一维数组。数组只有一个下标时，称为一位数组，其定义方式为：

类型说明符 数组名[常量表达式];

例如：int array[5]；定义了一个整型数组，数组中的每个元素都是整型变量，数组的名称是"array"，共有 5 个元素。

数组必须先定义后引用。引用方式为：数组名称[下标]。数组元素的下标从 0 开始，如前面定义的 array 数组的 5 个元素分别是 array[0]，array[1]，array[2]，array[3]，array[4]。

（2）二维数组。二维数组可以看作是两个一维数组的嵌套，即将二维数组的各行看成一个一维数组，每个组的元素是以各行的列元素组成的另外的一维数组。

二维数组的定义形式为：

类型说明符 数组名[常量表达式 1] [常量表达式 2]；

例如：int array[2][3]；定义了一个整型数组 array，有 2 行 3 列共 6 个元素。

二维数组的引用形式为：

数组名[下标 1][下标 2]；

2. 指针

指针就是指内存中的地址，可能是变量的地址，也可能是函数的入口地址。如果指针变量存储的地址是变量的地址，则称该指针为变量的指针（或指针变量）；如果指针变量存储的地址是函数的入口地址，则称该指针为函数的指针（或者函数指针）。

（1）变量的指针和指向变量的指针变量。变量的指针就是变量的地址，即该指针存储的是变量的地址值。指向变量的指针变量的声明形式是：类型标示符 *标示符。例如：

```
int *p; //声明了一个指向整型变量的指针变量
```

指针变量指向的数据类型是固定的，如前面声明的指针变量 p 只能指向整型数据类型的变量。指针变量存储的是地址。指针变量名=地址。

C 语言中通过"&"取变量的地址。例如：

```
p=&a; //将变量 a 的地址赋值给指针变量 p
```

要改变变量地址中的内容可以通过"*"运算符。例如：

```
*p=100; //通过指针间接修改变量 a 的值为 100
```

（2）数组的指针和指向数组的指针变量。指针存储的是变量的地址，数组也有地址，而且数组中所有元素的存储是连续的，只要知道数组中第一个元素的地址，就可以访问其他的数组元素。所谓数组的指针是指数组的起始地址，数组元素的指针是数组元素的地址。若有一个变量用于存放一个数组的起始地址（指针），则称其为指向数组的指针变量。

定义一个指向数组元素的指针变量的方法与指向变量的指针变量的定义方法相同。例如：

```
int x[5];      //定义含有 5 个元素的整型数组
int *p;        //定义指向整型数据的指针 p
p=&x[0];       //对 p 赋值，将数组第一个元素 x[0]的地址赋给指针变量 p
p=x;           //对 p 赋值，数组名即代表数组首地址，和前一条语句效果一样
*x=2;          //对数组首个元素赋值
```

五、函数与编译预处理

1. 函数

C语言是由函数构成的，函数是C语言中模块化编程的最小单位，可以把每个函数看作一个模块，若干相关的函数可以合并为一个"模块"。一个C语言程序由一个主函数和若干个函数组成，由主函数调用其他函数，其他函数之间也可以相互调用。

C语言的函数可以分为系统自带的函数和用户自己定义的函数。系统自带的函数称为库函数，不需要用户编写，只要在程序中调用即可。用户自定义函数需要由用户自己编写，用于解决用户的专门问题。

（1）函数的声明和定义。函数的声明就是告诉编译器函数的名称、返回值类型和参数。C语言规定函数必须先声明才能使用。其一般形式为：

函数返回值类型 函数名称（类型名 形式参数1，类型名 形式参数2，……）；

函数返回值类型可以是任何C语言个数据类型。函数名称可以是任何C语言合法的标识符。函数的形式参数在一个函数里必须唯一，在函数外可以重名。如果函数不需要任何形式参数，则在形式参数说明部分使用void关键字。

函数声明之后必须定义其功能，函数定义的形式为：

```
函数返回值类型 函数名称(类型名 形式参数1,类型名 形式参数2,……)
{
    语句；
    ⋮
    return 函数内部的某变量；
}
```

（2）函数的调用。函数调用的一般形式为：

函数名（实际参数1，实际参数2，……）；

在函数调用时，实参列表的参数数据类型和参数个数必须与函数声明时的形式参数的数据类型和参数个数一致。发生函数调用时，传递给函数的是实参的一个副本，实参本身不会改变。如果需要传递给函数的参数在函数内部能够改变，则需要按照指针的方式传递给函数。如果调用的是一个无参函数，则不用实参列表，但括号不能省略。

2. 预处理

预处理是C语言在编译程序之前对源程序的编译。C语言的预处理功能有3种——宏定义、文件包括和条件编译。

（1）宏定义。宏定义的作用是用指定的标识符代替一个字符串。一般定义为：

#define 标识符 字符串

例如：

```
#define dath PORTB|= _BV(1)
```

定义了宏之后，就可以在任何需要的地方使用宏的名字，在 C 语言处理时只是简单地将宏的名称用它代表的字符串代替。

（2）文件包括。文件包括的作用是将一个文件的内容完全地包括在另一个文件之中。文件包括的一般形式为：#include "文件名" 或#include <文件名>，二者的区别在于用双引号的 include 指令首先在当前文件的所在目录中查找包含文件，如果没有则到系统指定的文件目录去寻找。使用尖括号的 include 指令直接在系统指定的包含目录中寻找要包含的文件。

在程序设计中，文件包含可以节省用户的重复工作，或者可以先将一个大的程序分成多个源文件，由不同人员编写，然后再用文件包括指令把源文件包含到主文件中。

（3）条件编译。通常情况下，在编译器中进行文件编译时，将会对源程序中所有的行进行编译。如果用户想在源程序中的部分内容满足一定条件时才编译，则可以通过条件编译对相应内容制定编译的条件来实现相应的功能。条件编译有以下 3 种形式。

```
①   #ifdef 标识符
        程序段 1
    #else
        程序段 2
    #endif
```

其作用是，当标识符已经被定义过（通常用#define 命令定义）时，只对程序段 1 进行编译，否则编译程序段 2。

```
②   #ifndef 标识符
        程序段 1
    #else
        程序段 2
    #endif
```

其作用是，当标识符没定义过时，只对程序段 1 进行编译，否则编译程序段 2。与前一种形式作用正好相反。

```
③   #if 表达式
        程序段 1
    #else
        程序段 2
    #endif
```

其作用是，如果表达式的值为逻辑"真"，则对程序段 1 进行编译，否则编译程序段 2。

第二篇

基本功能单元应用

项目四

ATmega16 单片机 I/O 口应用

【知识目标】

了解 LED 发光二极管的驱动控制方法

了解 ATmega16 单片机数字 I/O 口的结构

了解 ATmega16 单片机数字 I/O 口的相关寄存器功能

【能力目标】

掌握单片机控制 LED 发光二极管驱动电路的连接方法

掌握 ATmega16 单片机数字 I/O 口的相关寄存器功能的设置

掌握单片机控制数字 I/O 口进行开关量控制的程序编写、调试方法

任务一 项目知识点学习

ATmega16 单片机有 32 个通用 I/O 端口，分为 PA、PB、PC、PD 4 组 8 位端口，分别对应于芯片上的 32 个 I/O 引脚。所有的 I/O 端口都有复用功能。第一功能均作为数字通用 I/O 端口使用，而复用功能分别用于中断、定时/计数器、USART、I²C、SPI、模拟比较、捕捉等应用。

一、ATmega16 单片机 I/O 端口

对于 PA-PD 端口，在不涉及第二功能时，其基本 I/O 功能是相同的。图 4-1 为 AVR 单片机通用 I/O 口的基本结构示意图。从图中可以看出，每组 I/O 口配备 3 个 8 位寄存器，它们分别是数据方向寄存器 DDRx（Port x Data Direction Register），端口数据寄存器 PORTx（Port x Data Register）及端口输入引脚地址寄存器 PINx（Port x Input Pins Address Register）（其中，x=A，B，C，D）。I/O 口的工作方式和表现特征由这 3 个 I/O 口寄存器控制。

方向控制寄存器 DDRx 用于控制 I/O 口的输入输出方向，即控制 I/O 口的工作方式为输出方式还是输入方式。

当 DDRx=1 时，I/O 口处于输出工作方式。此时数据寄存器 PORTx 中的数据通过一个推挽

电路输出到外部引脚（见图 4-2）。AVR 的输出采用推挽电路提高了 I/O 口的输出能力，当 PORTx=1时，I/O 引脚呈现高电平，同时可提供输出 20mA 的电流；而当 PORTx=0 时，I/O 引脚呈现低电平，同时可吸纳 40mA 电流。因此，AVR 的 I/O 在输出方式下提供了比较大的驱动能力，可以直接驱动 LED 等小功率外围器件。

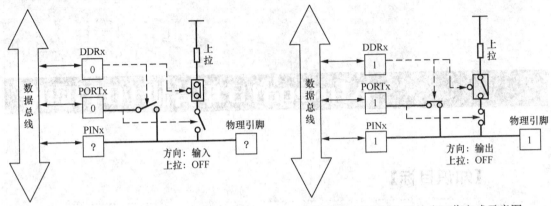

图 4-1　通用 I/O 口结构示意图　　　　图 4-2　通用 I/O 口输出工作方式示意图

　　当 DDRx=0 时，I/O 处于输入工作方式。此时引脚寄存器 PINx 中的数据就是外部引脚的实际电平，通过读 I/O 指令可将物理引脚的真实数据读入 MCU。此外，当 I/O 口定义为输入时（DDRx=0），通过 PORTx 的控制，可使用或不使用内部的上拉电阻（见图 4-3）。AVR 的 I/O 引脚配置表见表 4-1。

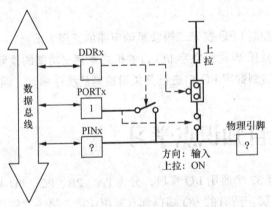

图 4-3　通用 I/O 口输入工作方式示意图

表 4-1　　　　　　　　　　　　　　AVR 的 I/O 口引脚配置表

DDRXn	PORTXn	PUD	I/O 方向	上拉电阻	引脚状态说明
0	0	X	输入	无效	高阻态
0	1	0	输入	有效	外部引脚拉低时将输出电流
0	1	1	输入	无效	高阻态
1	0	X	输出	无效	输出低电平（吸收电流）
1	1	X	输出	无效	输出高电平（输出电流）

二、I/O 端口相关寄存器

　　ATmega16 的 4 个 8 位端口都有各自对应的 3 个 I/O 寄存器。下面是 PA 端口寄存器——

PORTA、DDRA、PINA 各位的具体定义，以及其是否可以进行读写操作和复位后的初始值。其他三端口的寄存器和 PA 口类似，相应的寄存器为 PORTB、DDRB、PINB，PORTC、DDRC、PINC 和 PORTD、DDRD 和 PIND。（在书中对于 I/O 的通用介绍将用 PORTx、DDRx、PINx 代替相应的寄存器，x 表示 A、B、C、D）

（1）端口 A 数据寄存器——PORTA。

位	7	6	5	4	3	2	1	0
	PORA7	PORA6	PORA5	PORA4	PORA3	PORA2	PORA1	PORA0
读/写	R/W	R/W	R/W	R/W	R/W	R/W	R/W	R/W
复位值	0	0	0	0	0	0	0	0

（2）端口 A 数据方向寄存器——DDRA。

位	7	6	5	4	3	2	1	0
	DDRA7	DDRA6	DDRA5	DDRA4	DDRA3	DDRA2	DDRA1	DDRA0
读/写	R/W	R/W	R/W	R/W	R/W	R/W	R/W	R/W
复位值	0	0	0	0	0	0	0	0

（3）端口 A 输入寄存器——PINA。

位	7	6	5	4	3	2	1	0
	PINA7	PINA6	PINA5	PINA4	PINA3	PINA2	PINA1	PINA0
读/写	R	R	R	R	R	R	R	R
复位值	N/A	N/A	N/A	N/A	N/A	N/A	N/A	N/A

（4）特殊功能 I/O 寄存器——SFIOR。

位	7	6	5	4	3	2	1	0
	ADTS2	ADTS1	ADTS0	–	ACME	PUD	PSR2	PSR10
读/写	R/W	R/W	R/W	R	R/W	R/W	R/W	R/W
复位值	0	0	0	0	0	0	0	0

BIT2 – PUD：Pull up disable。置位时，禁用上拉电阻，即使是将寄存器 DDRxn 和 PORTxn 配置为使能上拉电阻，I/O 端口的上拉电阻也被禁止。

使用 AVR 的数字 I/O 口需要注意以下事项。

① 使用 AVR 的 I/O 口时，首先要正确设置其工作方式，确定其工作为输出模式还是输入模式。

② 当 I/O 工作在输入方式，要读取外部引脚上的电平时，应读取 PINxn 的值，而不是 PORTxn 的值。

③ 当 I/O 工作在输入方式，要根据实际情况使用或不使用内部的上拉电阻。

④ 一旦将 I/O 口的工作方式由输出设置成输入方式后，必须等待一个时钟周期后才能正确地读到外部引脚 PINxn 的值。

三、通用数字 I/O 端口的使用

1. 基本操作

在将 ATmega16 单片机的 I/O 口作为通用的数字端口使用的时候，首先要根据系统的硬件设计情况，设定各个 I/O 口的工作方式——输入或输出工作方式，即先正确设置 DDRx 方向寄存，再进行 I/O 端口的读/写操作。当将 I/O 端口定义为数字输入口时，还应注意是否需要将该口内部的上拉电阻设置为有效。在设计电路时，如果能利用 ATmega16 单片机内部的 I/O 端口上拉电阻，则可节省外部的上拉电阻。

下面是端口的几个配置示例。

（1）设置 I/O 端口为输入方式。

```
DDRA = 0x00;          //PA 端口全部设为输入，0x 表示的是十六进制数
PORTA = 0xFF;         //PA 端口全部设内部上拉
X = PINA;             //读取 PA 端口的输入信号，赋值给变量 X
```

如果将 PORTA=0xFF 改成 PORTA=0x00 则不设内部上拉，无输入时处于高阻状态。

（2）设置 I/O 端口为输出方式。

```
DDRB=0xFF;            //PB 端口全部设为输出
PORTB=0xF0;           //PB 端口输出 11110000
```

（3）设置 I/O 端口为输入输出方式。

```
DDRC=0x0F;            //将 PC 端口的高 4 位设为输入，低 4 位设为输出
PORTC= 0xF0;          //打开 PC 端口高 4 位内部上拉电阻，低 4 位则直接输出 0000
```

2. 位操作

端口的位操作通常是使用"移位"、"与"、"或"、"异或"等按位逻辑运算来实现的，这些按位逻辑运算在单片机的控制中都有其妙用。因为在单片机程序设计中，经常有将某一个 I/O 口单独置"1"、清零、取反等操作，利用 C 语言中的位操作运算符可以很容易地实现。比如操作 PB 口的第 2 位，有以下 3 种情况。

① 将 PB2 口置"1"：PORTB|=（1<<PB2）。

② 将 PB2 口清"0"：PORTB&=~（1<<PB2）。

③ 将 PB2 口取反：PORTB^=（1<<PB2）。

在头文件"avr/io.h"中，定义了如下语句：

```
#define PB2 2
```

这使得上面的（1<<PB2）与（1<<2）相同，当采用宏后，可以更直观地反映出该语句是对 PB2 进行操作的。本书中后面的内容将会采用多种 I/O 口控制方法。

在实际编程时还会遇到单独对某个引脚的读取操作，例如，PD3 引脚外接按键，按键另一端接地，为判断按键是否按下，常见的代码如下：

```
DDRD &= 0B11110111;       //PD3 引脚设为输入，其中，0B 表示的是二进制数，"&="的意思是将
                          //DDRD 与 0B11110111 进行"与"运算，然后把运算结果再赋值给 DDRD
                          //寄存器
PORTD |= 0B00001000;      //PD3 内部上拉电阻使能，"|="的意思是将 PORTD 与 0B00001000
                          //进行"或"运算，然后把运算结果再赋值给 PORTD 寄存器
```

有了上述配置后，为判断 PD3 外接按键是否按下，可编写代码：

```
if ((PIND & 0B00001000) = = 0B00000000)        //如果按键按下，则执行括号里面的函数体
{
        ┊
}
```

为简化设计，增加可读性，上述代码中的 "0B00001000" 可改写成 "_BV（PD3）"，而 "0B11110111" 则可改写成 "～_BV（PD3）"。

3. 宏定义的使用

C 语言中的宏定义可以将某些需要反复进行的 I/O 口操作变得简单。例如要通过某引脚（例如 PB2）串行输出一字节数据 data，且要求先发送高位，后发送低位，因为写 I/0 的代码出现很频繁，程序中常使用它们的宏定义，代码如下：

```
#define  w_1( )  PORTB |= _BV(PB2)
#define  w_0( )  PORTB &= ～_BV(PB2)
//……
DDRB |= _BV(PB2);             //PB2 设为输出
for( i=0; i<8; i++)
{
    if(data&0x80 )
        w_1( );
    else
        w_0( );
    dat  <<= 1;
}
```

上述 for 循环还可以改写成：

```
for(i=0x80; i!=0x00 ; i>>=1)
{
    if(data & i)
        w_1( );
    else
        w_0( );
}
```

在涉及按键控制的程序实例中，常需要判断某引脚所连接的按健是否按下，例如 PB3 外接按键 K1，在程序中可以定义：

```
#define K1_ DOWN( ) (PINB & _BV(PB3)) = = 0x00
```

除了通过 "与" 操作（&）判断按键状态以外，还可以使用<avr/io. h>提供的宏 bit_is_clear 判断按键状态，等价的定义语句如下：

```
# define  K1_ DOWN( ) bit_is_clear(PINB, PB3)
```

如果要将 PB3 外按开关 K1 拨至高电平定义为 ON，类似的可有如下定义：

```
# define  K1_ON( )  (PING & _BV(PB3))或
# define  K1_ON( )  bit_is_set(PINB,PB3)
```

四、LED 发光二极管使用简介

LED 发光二极管是单片机应用系统经常使用的一种外围器件，用于显示系统的工作状态、报警指示等。一般可用 N 个组成 N 段数码管显示数字和字符，也可用大量的发光二极管组成矩阵构成 LED 电子显示屏显示较复杂的文字及图形等。

LED 发光二极管由半导体材料制成，能直接将电能转化为光能，一般当导通电路大于 5mA 时，人眼就可以明显观察到二极管的发光，导通电路越大，二极管的亮度越高，但过高的导通电路会导致二极管的烧毁或 I/O 端口的烧毁，一般导通电流不超过 10mA。因此在设计制作硬件电路时，应在 LED 发光二极管电路中串接一个限流电阻，如图 4-4 所示，阻值在 300Ω~1kΩ 之间，调节阻值的大小可以控制发光二极管的亮度。

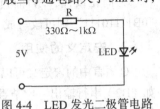

图 4-4 LED 发光二极管电路

任务二 LED 闪烁灯控制

一、任务要求

利用 ATmega16 单片机数字 I/O 口，编程实现控制一个 LED 发光二极管的闪烁亮灭，通过编写程序，可改变 LED 发光二极管闪烁的频率。

二、硬件设计

根据任务要求设计电路原理图，如图 4-5 所示，由于 AVR 单片机的 I/O 端口输出"0"时，可以吸收最大 40mA 的电流，因此采用单片机 I/O 控制发光二极管的负极较好，另外要注意须连接限流电阻，以免元器件损坏。

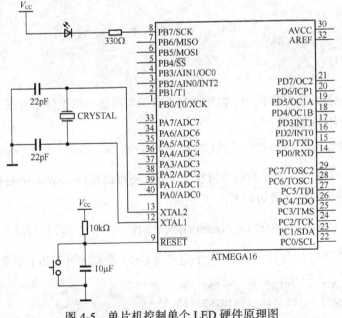

图 4-5 单片机控制单个 LED 硬件原理图

三、程序设计

1. 延时程序设计

编译器：AVR_studio 4+内嵌 GCC，GCC-AVR 可以直接调用 delay 库函数，调用语句如下：

```
#include <util/delay.h>
```

不过要正确得到延时还需进行以下设置。

① 打开 delay.h 头文件，可以看到如下两个延时函数：微秒延时子函数_delay_us(double __us)和毫秒延时子函数_delay_ms (double__ms)。程序如下所示。

```
void _delay_us(double _ _us)
{
    uint8_t _ _ticks;
    double _ _tmp = ((F_CPU) / 3e6) * _ _us;
    if (__tmp < 1.0)
        __ticks = 1;
    else if (__tmp > 255)
        _ _ticks = 0;    /* i.e. 256 */
    else
        _ _ticks = (uint8_t)_ _tmp;
    _delay_loop_1(_ _ticks);
}

void _delay_ms(double _ _ms)
{
    uint16_t _ _ticks;
    double _ _tmp = ((F_CPU) / 4e3) * _ _ms;
    if (_ _tmp < 1.0)
        _ _ticks = 1;
    else if (_ _tmp > 65535)
        _ _ticks = 0; /* i.e. 65536 */
    else
        _ _ticks = (uint16_t)_ _tmp;
    _delay_loop_2(_ _ticks);
}
```

可以看出上面两函数与 Makefile 中的 F_CPU 值有关。可通过"Project"→"Configuration Options"→"General"→"Frequency"加入 F_CPU 值，如图 4-6 所示。

② 编译时不要打开优化。即"Project"→"Configuration Options"→"General"→"optimizatio"，不要选"00"，如图 4-7 所示。

③ 设置的时间参数__ms，__us 是有范围的，不要超过范围。

__ms：1 - [262.14 ms / (F_CPU/1e6)]

__us：1- [768 us / (F_CPU/1e6)].[...]   表示取整数部分。

若 F_CPU = 8000000，则__ms 范围：1-32，而__us 范围：1-96，若延时时间超过此范围，将会以低分辨率模式进行延时，延时准确度将降低。

具备了上面的条件才可以正确使用延时函数_delay_us ()和_delay_ms ()。

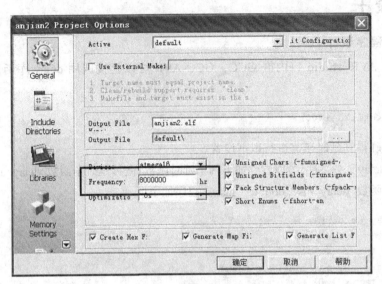

图 4-6　设置主频

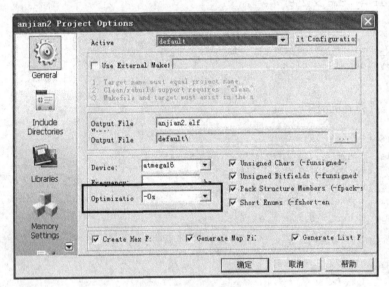

图 4-7　选择优化

2．输出控制

如图 4-5 所示的电路，发光二极管接电源，阴极通过限流电阻接单片机 ATmega16 的 PB7 管脚，要想点亮发光二极管必须使其正向导通，即 PB7 管脚设置成输出模式，输出低电平，当 PB7 管脚输出高电平时发光二极管熄灭。

3．程序流程图

LED 闪烁控制流程图如图 4-8 所示。

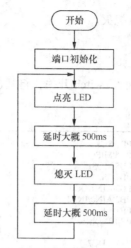

图 4-8   LED 闪烁控制程序流程图

四、参考程序

```
#define F_CPU 8000000UL          //配置单片机频率
#include <avr/io.h>              //所有单片机程序必须有!
#include <util/delay.h>          //调用这个头文件中的延时子函数
int main( )
{
    DDRB=0b10000000;             //PB7 管脚输出，其余输入
    PORTB&=~0x80;                //PB7 口 8 个管脚低电平
    while(1)                     //死循环
    {
        _delay_ms(500);          //延时约 500ms
        PORTB|=0x80;             //PB7 口输出高电平
        _delay_ms(500);
        PORTB&=~0x80;            //PB7 口输出低电平
    }
}
```

五、项目实施

1. 根据元器件清单选择合适的元器件。
2. 根据硬件设计原理图，在万能电路板进行元器件布局，并进行焊接工作。
3. 焊接完成后，重复进行线路检查，防止短路、虚接现象。
4. 在 AVR Studio 软件中创建项目，输入源代码并生成*.hex 文件。
5. 在确认硬件电路正确的前提下，通过 JTAG 仿真器进行程序的下载与硬件在线调试。

任务三   LED 开关灯控制

一、任务要求

利用 ATmega16 单片机数字 I/O 口，编程实现用一个开关控制 LED 发光二极管的亮灭，开

关闭合时 LED 亮，开关断开时 LED 熄灭。

二、硬件设计

在前一个任务的硬件电路图中加入 switch 开关，将其连接到 PD7 引脚，如图 4-9 所示。

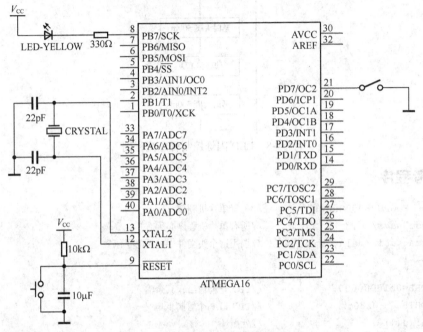

图 4-9　LED 开关灯控制硬件原理图

三、程序设计

在程序设计中首先配置单片机的 I/O 口，然后判断开关是否接通，即判断 PD7 输入的电平高低，低则代表开关接通，PB7 输出低电平，LED 点亮；如 PD7 输入高电平，则代表开关断开，PB7 输出高电平，LED 熄灭，从而实现开关控制 LED 灯亮灭的目的，如图 4-10 所示。

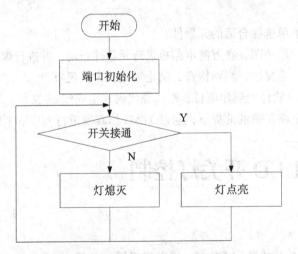

图 4-10　LED 开关灯控制程序流程图

四、参考程序

```
#define F_CPU 8000000UL
#include <avr/io.h>
#include <util/delay.h>
int main()
{
    DDRD&=~_BV(7);
    PORTD|=_BV(7);
    DDRB|=_BV(7);
    PORTB|=_BV(7);
    while(1)
    {
        if((PIND&0X80)==0x00)              //开关接通
        {
            PORTB&=~_BV(7);
            _delay_ms(200);
        }
        else if((PIND&0X80)==0x80)         //开关断开
        {
            PORTB|=_BV(7);
            _delay_ms(200);
        }
    }
}
```

五、项目实施

1. 根据元器件清单选择合适的元器件。
2. 根据硬件设计原理图，在万能电路板进行元器件布局，并进行焊接工作。
3. 焊接完成后，重复进行线路检查，防止短路、虚接现象。
4. 在 AVR Studio 软件中创建项目，输入源代码并生成*.hex 文件。
5. 在确认硬件电路正确的前提下，通过 JTAG 仿真器进行程序的下载与硬件在线调试。

任务四　汽车转向灯控制

一、任务要求

利用 ATmega16 单片机数字 I/O 口，编程实现模拟汽车转向灯的控制，当开关在中间原位时左右两个转向灯均不亮，当开关拨到上面时右转向灯闪烁点亮，当开关拨到下面时左转向灯闪烁点亮。

二、硬件设计

在前一个任务的硬件电路图中加入 LED，由 PB6 口控制，加入一个三位开关，端子分别接到 PD7、PD6、PD5 口，如图 4-11 所示。

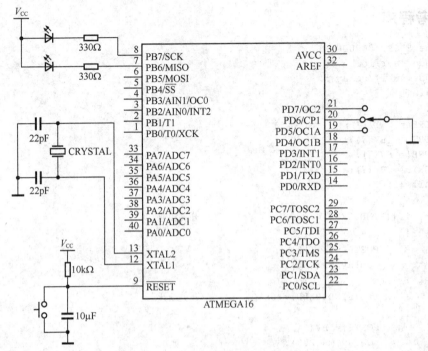

图 4-11　转向灯灯控制硬件原理图

三、程序设计

在程序设计中首先配置单片机的 I/O 口，然后判断开关的位置，即判断 PD7、PD6、PD5输入的电平高低，低则代表开关接通到相应的端口，然后进一步控制两个 LED 的亮灭，如图 4-12 所示。

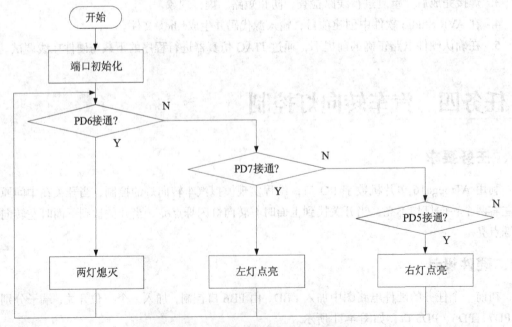

图 4-12　转向灯控制程序流程图

四、参考程序

```c
#define F_CPU 8000000UL
#include <avr/io.h>
#include <util/delay.h>
int main()
{
    DDRD&=0x1F;
    PORTD|=0xE0;
    DDRB|=0xC0;
    PORTB|=0xC0;
    while(1)
    {
        if((PIND&0xE0)==0xA0)            //开关在中间位置
        {
            PORTB|=0xC0;                 //左右灯均熄灭
        }
        else if((PIND&0xE0)==0x60)       //开关在下位置
        {
            PORTB&=~_BV(7);              //左灯点亮
            PORTB|=_BV(6);               //右灯熄灭
        }
        else if((PIND&0xE0)==0xC0)       //开关在下位置
        {
            PORTB&=~_BV(6);              //右灯点亮
            PORTB|=_BV(7);               //左灯熄灭
        }
    }
}
```

五、项目实施

1. 根据元器件清单选择合适的元器件。

2. 根据硬件设计原理图，在万能电路板进行元器件布局，并进行焊接工作。

3. 焊接完成后，重复进行线路检查，防止短路、虚接现象。

4. 在 AVR Studio 软件中创建项目，输入源代码并生成*.hex 文件。

5. 在确认硬件电路正确的前提下，通过 JTAG 仿真器进行程序的下载与硬件在线调试。

任务五　霓虹灯控制

一、任务要求

利用 ATmega16 单片机数字 I/O 口，编程实现 8 个 LED 灯的左右来回循环点亮，形成走马灯形式。（也可根据需要编程实现多种花样的 LED 灯点亮形式）

二、硬件设计

将 8 个 LED 发光二极管的阴极经限流电阻连接到 PC0～PC7，进行控制，如图 4-13 所示。

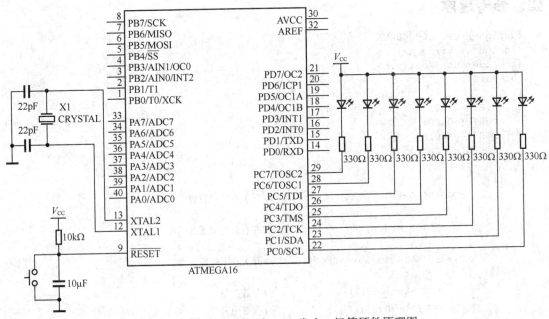

图 4-13　单片机控制 8 个 LED 发光二极管硬件原理图

三、程序设计

硬件电路中 8 个 LED 连接在 PC 端口。根据硬件中 LED 的连接方向，PC 端口对应位输出低电平（即 0）时 LED 点亮，反之则熄灭。点亮的灯号和寄存器配置方式见表 4-2。程序流程图如图 4-14 所示。

表 4-2　　　　　　　　　　　灯号和寄存器配置方式

	PC7	PC6	PC5	PC4	PC3	PC2	PC1	PC0
LED7	0	1	1	1	1	1	1	1
LED6	1	0	1	1	1	1	1	1
LED5	1	1	0	1	1	1	1	1
LED4	1	1	1	0	1	1	1	1
LED3	1	1	1	1	0	1	1	1
LED2	1	1	1	1	1	0	1	1
LED1	1	1	1	1	1	1	0	1
LED0	1	1	1	1	1	1	1	0

在程序中定义移动位数变量 b：当 0x01 左移 b 位（即 00000001<<b）时，对应的 LED 位被点亮；当 0x80 右移 b 位（即 10000000>>b）时，对应的 LED 位亦被点亮。无论左移还是右移，当 b 由 0 递增到 7 时即完成一趟单向移动，在 b 等于 8 时即可改变方向。本例中方向由变量 direction 控制。通过修改移动方向并配合应用左移（<<）与右移（>>）操作实现了 LED 左右来回滚动的显示效果。

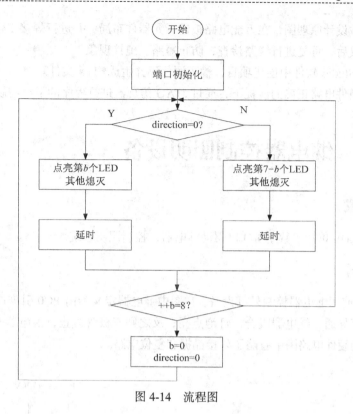

图 4-14　流程图

四、参考程序

```
#define F_CPU 8000000UL
#include <avr/io.h>
#include <util/delay.h>
int main( )
{
    unsigned char b=0,direction=0;          //移动位数变量和移动方向变量
    DDRC=0xFF;                              //PC 口全部设置为输出
    while(1)
    {
        if(direction==0)
            PORTC=~(0x01<<b);               //从 PA0 开始点亮
        else
            PORTC=~(0x80>>b);               //从 PA7 开始点亮
        if(++b==8)                          //检查是否循环完一遍
        {
            b=0;
            direction=!direction;           //改变方向
        }
        _delay_ms(250);                     //每个 LED 灯点亮时间为 250ms
    }
}
```

五、项目实施

1. 根据元器件清单选择合适的元器件。

2. 根据硬件设计原理图，在万能电路板进行元器件布局，并进行焊接工作。

3. 焊接完成后，重复进行线路检查，防止短路、虚接现象。

4. 在 AVR Studio 软件中创建项目，输入源代码并生成*.hex 文件。

5. 在确认硬件电路正确的前提下，通过 JTAG 仿真器进行程序的下载与硬件在线调试。

任务六　继电器控制照明设备

一、任务要求

利用 ATmega16 单片机数字 I/O 口驱动继电器，控制照明系统。

二、硬件设计

本次任务中使用继电器控制外部设备，在图中继电器定义为由 PC0 引脚控制，每次合上开关时 PNP 三极管导通，继电器吸合，灯泡点亮；反之则三极管截止，继电器断开，灯泡熄灭。如图 4-15 所示的硬件电路图中省略了外接晶振和复位电路。

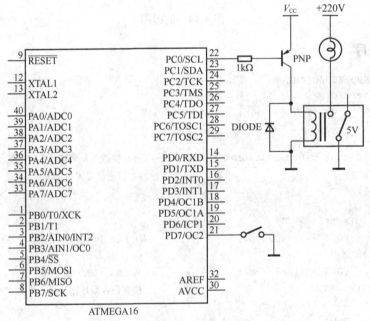

图 4-15　单片机继电器控制硬件原理图

三、程序设计

程序设计与任务三类似，通过判断 PD7 引脚的电平状态来判断开关是否闭合。开关闭合则 PC0 输出高电平，三极管导通，继电器吸合，灯泡点亮；否则 PC0 输出低电平，三极管截止，继电器断开，灯泡熄灭。程序流程图如图 4-10 所示。

四、参考程序

```
#include<avr/io.h>
#include<util/delay.h>

#define SWITCH_DOWN()  PIND&_BV(0)        //开关合上是 "0"，否则是 "1"

int main()
{
    DDRC|=0x01;
    PORTC|=0x01;
    DDRD&=0x7F;
    PORTD|=0x01;
    while(1)
    {
        if(SWITCH_DOWN())
        {
            PORTC|=0x01;
        }
        else
        {
            PORTC&=0xFE;
        }
    }
}
```

五、项目实施

1. 根据元器件清单选择合适的元器件。
2. 根据硬件设计原理图，在万能电路板进行元器件布局，并进行焊接工作。
3. 焊接完成后，重复进行线路检查，防止短路、虚接现象。
4. 在 AVR Studio 软件中创建项目，输入源代码并生成*.hex 文件。
5. 在确认硬件电路正确的前提下，通过 JTAG 仿真器进行程序的下载与硬件在线调试。

项目五
LED 数码管显示应用

【知识目标】

了解 LED 数码管的显示原理与内部连接

了解 LED 数码管的字形编码、译码原理

学会数码管静态显示的原理及控制方法

学会数码管动态显示的原理及控制方法

【能力目标】

掌握数码管静态显示驱动电路的连接方法

掌握数码管动态显示驱动电路的连接方法

掌握数码管静态显示程序编写、调试方法

掌握数码管动态显示程序编写、调试方法

任务一　项目知识点学习

一、LED 数码管的结构和分类

单片机应用系统中，数码管作为显示器件得到了广泛运用，它一般用于阿拉伯数字和部分字母的显示。在这种显示方案中，每个数字由"8"字中的 7 个"字段"组成，因此这种专门用于数字显示的显示器被称为"七段数码管"，简称"七段管"，一般每个数字的右下方都会带有小数点的显示位，所以对整个数码管来说一般有 8 段显示位。一个"8"字形的数码管如图 5-1（a）、（b）所示，实际上每一个显示段分别由一个发光二极管构成，设计者为每段二极管标注一个符号，分别用 a、b、c、d、e、f、g、dp 来表示。当某一个发光二极管导通，相应地点亮某一个字段，通过发光二极管不同的亮灭组合形成不同的数字、字母及其他符号。

LED 数码管中的发光二极管有两种接法。

① 所有发光二极管的阳极（二极管正端）连接一起，这种连接方法成为共阳极接法，如图 5-1（c）所示。

② 所有发光二极管的阴极（二极管负端）连接一起，这种连接方法成为共阴极接法，如图 5-1（d）所示。

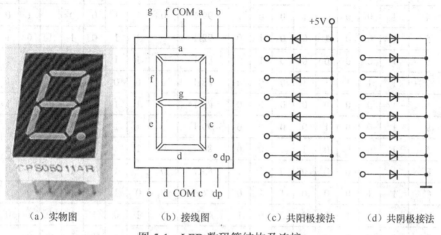

(a) 实物图   (b) 接线图   (c) 共阳极接法   (d) 共阴极接法

图 5-1　LED 数码管结构及连接

通常，公共阳极接高电平（一般接电源），其他管脚接段驱动电路输出端。当某段驱动电路的输入端为低电平时，该端所连接的字段导通并点亮。共阴极数码管中 8 个发光二极管的阴极（二极管负端）连接在一起。根据发光字段的不同组合可显示出各种数字或字符。此时，要求段驱动电路能吸收额定的段导通电流，还需根据外接电源及额定段导通电流来确定相应的限流电阻。

LED 数码管的发光二极管亮灭组合实质上就是不同电平的组合，也就是为 LED 数码管提供不同的代码，这些代码称为字形代码。7 段发光二极管再加上一个小数点 dp 共计 8 段，字形代码与这 8 段的关系见表 5-1。

表 5-1　字形代码与 8 段关系

数据字	D7	D6	D5	D4	D3	D2	D1	D0
LED 段	dp	g	f	e	d	c	b	a

字形代码与十六进制数的对应关系见表 5-2，可以看出共阴极和共阳极的数码管字形码互为补数。

表 5-2　数码管字形码表

显示字符	字形	共阳极									共阴极								
		dp	g	f	e	d	c	b	a	字形码	dp	g	f	e	d	c	b	a	字形码
0	0	1	1	0	0	0	0	0	0	C0H	0	0	1	1	1	1	1	1	3FH
1	1	1	1	1	1	1	0	0	1	F9H	0	0	0	0	0	1	1	0	06H

续表

显示字符	字形	共阳极								字形码	共阴极								字形码
		dp	g	f	e	d	c	b	a		dp	g	f	e	d	c	b	a	
2	2	1	0	1	0	0	1	0	0	A4H	0	1	0	1	1	0	1	1	5BH
3	3	1	0	1	1	0	0	0	0	B0H	0	1	0	0	1	1	1	1	4FH
4	4	1	0	0	1	1	0	0	1	99H	0	1	1	0	0	1	1	0	66H
5	5	1	0	0	1	0	0	1	0	92H	0	1	1	0	1	1	0	1	6DH
6	6	1	0	0	0	0	0	1	0	82H	0	1	1	1	1	1	0	1	7DH
7	7	1	1	1	1	1	0	0	0	F8H	0	0	0	0	0	1	1	1	07H
8	8	1	0	0	0	0	0	0	0	80H	0	1	1	1	1	1	1	1	7FH
9	9	1	0	0	1	0	0	0	0	90H	0	1	1	0	1	1	1	1	6FH
A	A	1	0	0	0	1	0	0	0	88H	0	1	1	1	0	1	1	1	77H
B	B	1	0	0	0	0	0	1	1	83H	0	1	1	1	1	1	0	0	7CH
C	C	1	1	0	0	0	1	1	0	C6H	0	0	1	1	1	0	0	1	39H
D	D	1	0	1	0	0	0	0	1	A1H	0	1	0	1	1	1	1	0	5EH
E	E	1	0	0	0	0	1	1	0	86H	0	1	1	1	1	0	0	1	79H
F	F	1	0	0	0	1	1	1	0	8EH	0	1	1	1	0	0	0	1	71H
H	H	1	0	0	0	1	0	0	1	89H	0	1	1	1	0	1	1	0	76H
L	L	1	1	0	0	0	1	1	1	C7H	0	0	1	1	1	0	0	0	38H
P	P	1	0	0	0	1	1	0	0	8CH	0	1	1	1	0	0	1	1	73H
R	R	1	1	0	0	1	1	1	0	CEH	0	0	1	1	0	0	0	1	31H
U	U	1	1	0	0	0	0	0	1	C1H	0	0	1	1	1	1	1	0	3EH
Y	Y	1	0	0	1	0	0	0	1	91H	0	1	1	0	1	1	1	0	6EH
—	—	1	0	1	1	1	1	1	1	BFH	0	1	0	0	0	0	0	0	40H
.	.	0	1	1	1	1	1	1	1	7FH	1	0	0	0	0	0	0	0	80H
熄灭	灭	1	1	1	1	1	1	1	1	FFH	0	0	0	0	0	0	0	0	00H

二、数码管的显示方式

在单片机机应用系统中一般需用到多个 LED 数码管，如图 5-2 所示，每一个数码管除了 a～dp 这 8 个段选线以外，还有一个 COM 口作为位选线来进行使用。段选线控制字符的选择，位选线控制显示位的亮灭。而多个 LED 数码管在连接时，根据显示方式的不同，n 根位选线和 $8 \times n$ 根段选线连接在一起，位选线与段选线和单片机的连接方式也不相同。

多个 LED 数码管的显示电路按驱动方式可以分为静态显示和动态显示两种方式。

静态显示方式就是当数码管要显示某一个字符的时候，相应的发光二极管恒定地导通或者截止。例如，LED 数码管要显示"0"时，a、b、c、d、e、f 导通，而 g 和 dp 截止。单片机只需要将所要显示的数据送出去，直到下一次显示数据需要更新的时再发送一次数据。静态显示的优点是显示数据稳定，亮度高，程序设计简单，MCU 负担小；缺点是占用硬件资源多，耗电量大，如果单片机系统中有 n 个 LED 数码管，则需要 $8 \times n$ 根 I/O 口线，所占用的 I/O 资源多，需进行扩展。

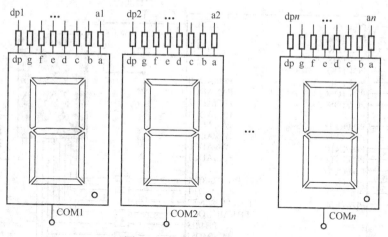

图 5-2 数码管连接示意图

动态显示是一位一位地轮流点亮各位数码管，这种逐位点亮显示器的方式称为位扫描。通常，各位数码管的段选线相应地并联在一起，由一个 8 位的 I/O 口控制，各位的位选线（共阴极或共阳极）由另外的 I/O 口线控制。动态方式显示时，各数码管分时轮流选通，要使其稳定显示，必须采用扫描方式，即在某一时刻只选通一位数码管，并送出相应的段码，在另一时刻选通另一位数码管，并送出相应的段码。依此规矩循环，即可使各位数码管显示需要显示的字符。虽然这些字符是在不同的时刻分别显示，但由于人眼存在视觉暂留效应，只要每位显示间隔时间足够短就可以给人以同时显示的感觉。动态显示的优点是占用硬件资源少，耗电量小；缺点是显示稳定性不易控制，程序设计相对负责，MCU负担重。

任务二 单个 LED 数码管显示控制

一、任务要求

利用 ATmega16 单片机数字 I/O 口，控制一个数码管静态显示 1 个十六进制数据。数码管的阳极公共端接到电源，ATmega16 单片机的 8 个 I/O 端口分别连接到共阳极数码管的 8 个段选端 a～dp，通过控制 I/O 输出 0 或 1，让某些段位的 LED 发光或熄灭，就可以显示不同的字符或数字。

二、硬件设计

根据任务要求，设计的硬件原理图如图 5-3 所示，把 ATmega16 单片机的 PB0～PB7 端口经过限流电阻接到共阳极数码管的段选端 a～dp。要求 PB0 与 a 连接，PB1 与 b 连接……PB7

与 dp 连接，数码管的公共端 COM 接到电源。

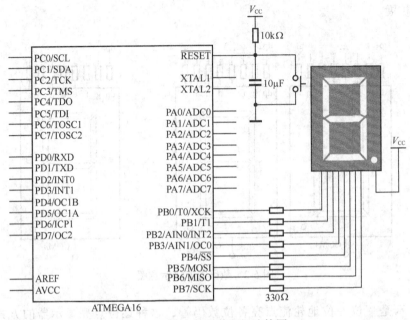

图 5-3　单个数码共阳极连接图

三、程序设计

单个数码管显示，采用静态显示方式。根据字形码表，用软件方式对八段码译码。若要显示字形"1"，PB 口则应输出 0xF9；若要显示"F"，PB 口则应输出 0xFE。在这段程序中，数组 SEG_7 有 16 个元素，分别对应 0～F 的字形码。由于硬件确定后字形码的值就固定了，不会改变，因此把它定义在 Flash 中（前面加关键字 const），可以节省 RAM 存储器空间。程序运行后数码管将轮流显示 0～F 这 16 个字符，中间间隔大约 500ms。

程序开始时，首先对 I/O 端口进行初始化，然后将循环变量赋初始值 0，并将数组中的第一个元素送到 PB 端口。此时数码管即可显示所要求的字符，延时片刻后循环变量加 1，并判断是否已读取到 SEG_7 数组中的最后一个元素。如果没有，则继续循环把下一个元素送到 PB 端口，数码管显示相应字符，如果已到最后一个元素则重新赋值，然后从第一个字符开始显示。程序流程图如图 5-4 所示。

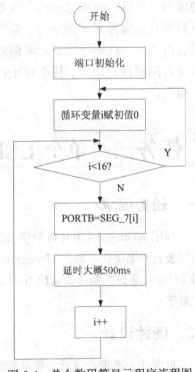

图 5-4　单个数码管显示程序流程图

四、参考源程序

```
#include <avr/io.h>
#include <util/delay.h>
const unsigned char SEG_7[16]={0xc0,0xf9,0xa4,0xb0,0x99,0x92,0x82,0xf8,
0x80,0x90,0x88,0x83,0xc6,0xa1,0x86,0x8e};      //共阳极数码管字形码数组
int main( )
{
    unsigned char i=0;
    DDRB = 0xFF;                                //设置 PB 端口输出
    PORTB = 0xFF;                               //使数码管端选端为高电平，熄灭数码管
    while(1)
    {
        for(i=0;i<16;i++)                       //循环 16 次数码管显示 0～F
        {
            PORTB = SEG_7[i];                   //送字形码到 PB 口
            _delay_ms(500);                     //延时大概 500ms
        }
    }
}
```

五、项目实施

1. 根据元器件清单选择合适的元器件。
2. 根据硬件设计原理图，在万能电路板进行元器件布局，并进行焊接工作。
3. 焊接完成后，重复进行线路检查，防止短路、虚接现象。
4. 在 AVR Studio 软件中创建项目，输入源代码并生成*.hex 文件。
5. 在确认硬件电路正确的前提下，通过 JTAG 仿真器进行程序的下载与硬件在线调试。

任务三 多数码管显示控制

一、任务要求

利用 ATmega16 单片机数字 I/O 口，实现对 4 位 LED 数码的动态显示控制，4 位数码管同时显示 "2014" 内容。

二、硬件设计

基于使用的是 LED 数码管动态显示的控制方案，将每一个数码管相同的段选线 a～dp 相连，然后连接到单片机的 PB0～PB7 端口，注意 PB 口的低位对应着数码管编码的低位。用 PC0、PC1、PD0、PD1 分别连接每一个 LED 数码管公共端的位选线。总共使用了 12 个单片机的 I/O 端口。硬件电路如图 5-5 所示。

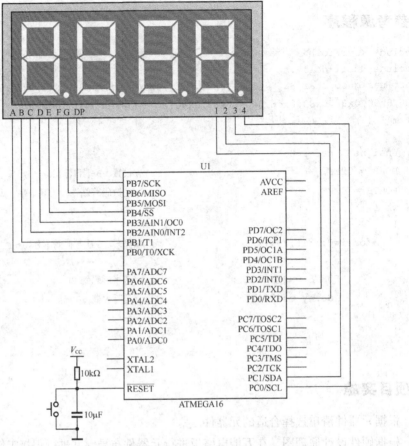

图 5-5　4 个数码管动态显示硬件原理图

三、程序设计

多个 LED 数码管动态显示，采用各个数码管轮流点亮的方式，循环显示。当循环显示频率较高时，利用人眼的视觉残留特性，看不出 LED 数码管的闪烁。

程序初始化运行之后，选通第 1 个数码管，其他数码管不选通，并送出相应的字形码。经过一个短延时之后，选通第 2 个数码管，其他数码管不选通，并送出相应的字形码。经过一个短延时之后，选通第 3 个数码管，其他数码管不选通。经过一个短延时之后，选通第 4 个数码管，并送出相应的字形码，其他数码管不选通。经过一个短延时之后，选通第一个数码管，并送出相应的字形码，如此反复循环，调整延时时间，使每个数码管稳定地显示字符。4 个数码管动态显示程序流程如图 5-6 所示。

注意：同一时刻只能有一个数码管被选通，否则多个数码管将显示同样的内容。

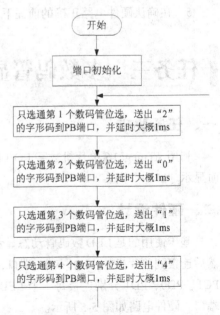

图 5-6　4 个数码管动态显示程序流程图

四、参考源程序

```
#include <avr/io.h>
#include <util/delay.h>
const unsigned char SEG_7[16]={0xc0,0xf9,0xa4,0xb0,0x99,0x92,0x82,0xf8,
0x80,0x90,0x88,0x83,0xc6,0xa1,0x86,0x8e};      //共阳极数码管字形码数组

int main()
{
    DDRB=0xFF;                                  //设置 PB 端口为输出
    DDRC|=0x03;                                 //设置 PC0 和 PC1 端口为输出
    DDRD|=0x03;                                 //设置 PD0 和 PD1 端口为输出
    PORTC&=0xFC;                                //4 个数码管位选端均设置为低电平
    PORTD&=0xFC;                                //不点亮任何一个数码管
    while(1)
    {
        PORTC|=0x01;                            //选通第 1 个数码管
        PORTB=SEG_7[2];                         //送 "2" 的字形码到 PB 端口
        _delay_ms(1);                           //短延时
        PORTC&=~0x01;                           //取消选通第 1 个数码管

        PORTC|=0x02;                            //选通第 2 个数码管
        PORTB=SEG_7[0];                         //送 "0" 的字形码到 PB 端口
        _delay_ms(1);                           //短延时
        PORTC&=~0x02;                           //取消选通第 2 个数码管

        PORTD|=0x01;                            //选通第 3 个数码管
        PORTB=SEG_7[1];                         //送 "1" 的字形码到 PB 端口
        _delay_ms(1);                           //短延时
        PORTD&=~0x01;                           //取消选通第 3 个数码管

        PORTD|=0x02;                            //选通第 4 个数码管
        PORTB=SEG_7[4];                         //送 "4" 的字形码到 PB 端口
        _delay_ms(1);                           //短延时
        PORTD&=~0x02;                           //取消选通第 3 个数码管
    }
}
```

五、项目实施

1. 根据元器件清单选择合适的元器件。
2. 根据硬件设计原理图，在万能电路板进行元器件布局，并进行焊接工作。
3. 焊接完成后，重复进行线路检查，防止短路、虚接现象。
4. 在 AVR Studio 软件中创建项目，输入源代码并生成*.hex 文件。
5. 在确认硬件电路正确的前提下，通过 JTAG 仿真器进行程序的下载与硬件在线调试。

任务四　数码管拉幕式显示控制

一、任务要求

利用 74HC164 芯片扩展 ATmega16 单片机数字 I/O 口，实现用两个单片机 I/O 口和 4 片 74HC164 芯片控制 4 位数码显示字符功能，例如可使 4 位数码管显示"1234"内容。

二、硬件设计

1. 74HC164 芯片简介

数码管的拉幕式显示也叫作多个数码管的串行移位显示，实现方式是通过外部芯片控制数码管进行移位显示，再动态暂停，从而实现单片机的串行数据转换成并行数据来控制多个数码管显示的效果。在本项目中，我们使用串行输入转并行输出的移位寄存器 74HC164 芯片。

74HC164 是 8 位串行输入并行输出移位寄存器。它的引脚如图 5-7 所示。

① V_{CC} 为+5V 电源输入端。

② GND 为接地端。

③ B：串行输入端。

④ $Q_A \sim Q_H$：并行输出端。

⑤ CLK：串行时钟输入端。

⑥ $\overline{CLR}$ 为串行输出清零端。

图 5-8 为 74HC164 的工作时序图，从图中可以看出，当 $\overline{CLR}$ 引脚为低点平时，74HC164 不能工作，输出全部为低电平；当 $\overline{CLR}$ 为高电平时 74HC164 可以正常工作，CLK 端的上升沿将输入端 A、B 的数据送到 Q_A，同时将 Q_A 的数据送到 Q_B，依次到 Q_G 给 Q_H。A、B 端信号为相与的关系。

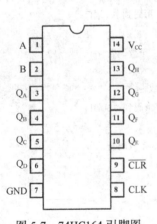

图 5-7　74HC164 引脚图

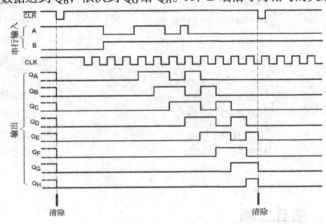

图 5-8　74HC164 工作时序图

2. 硬件电路

图 5-9 中省略了 ATmega16 单片机外部应接的电源电路、复位电路等部分外围电路，只给出数码管串行显示电路部分。4 个 74HC164 的时钟端接在一起连接到 ATmega16 单片机的 PB0，第 1 个 74HC164 的数据端接到 ATmega16 单片机的 PB1，其余 74HC164 的数据端均接到前一级的最后一个输出端 Q_H，每个 74HC164 的 8 个数据端都接到对应数码管的数据端。

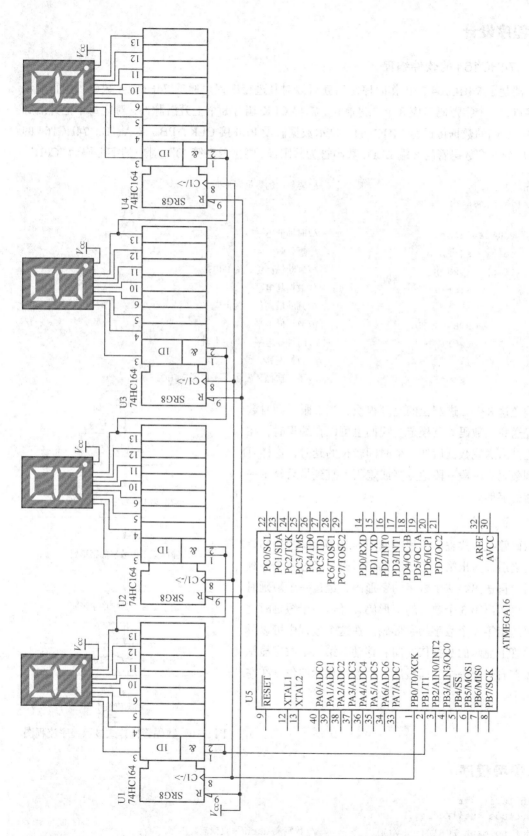

图 5-9　拉幕式显示硬件原理图

三、程序设计

1. 74HC164 的软件编程

在清楚了 74HC164 的工作时序之后就可以对其进行编程。通过 74HC164 数码管串行显示一个字符，一个字形码对应 8 个二进制位，需要 CLK 端有 8 个上升沿脉冲，对应每个上升沿脉冲将 A、B 端的数据传送至 74HC164。显示数据假设 PB0 接 CLK，PB1 接 A、B。74HC164 的 8 个输出分别接数码管的 8 端 LED，数码管为共阳极，要显示字符"0"，对应的字形码为"C0H"。

```
data=0xC0;                        //要显示的数据字形码给 data
for(j=0;j<8;j++)
{
    PORTB&=0xFE;                  //时钟低电平
    delay_us(1);                  //短延时
    if(data&0x80)                 //判断最高位，为高电平
        PORTB|=0x02;              //数据高电平
    else                          //判断最高位，为低电平
        PORTB&=0xFD;              //数据低电平
    PORTB|=0x01;                  //时钟高电平，产生上升沿
    data<<=1;                     //数据左移一位
}                                 //下一次循环发生下一位到 74HC164
```

输送这 8 个二进制位的速度很快，当人眼看到时数据已经送完，数码管已稳定。我们也可以在编程时，在每次上升沿送完数据后加一个时间较长的延时，这样可以看到数码管一段一段地点亮或熄灭，直到最后显示一个完整的字形。

2. 流程图

数码管拉幕式程序流程图如图 5-10 所示。程序初始化运行之后，送出第 1 个数字的字形码，经过一个短延时之后，再送出第 2 个数字的字形码，经过一个短延时之后，再送出第 3 个数字的字形码，经过一个短延时之后，再送出第 4 个数字的字形码。在这个过程中可以看到数码管上显示的数据依次向右移动，第一个数字显示的位置在右边第一个，而最后一个数字显示的位置在左边第一个。

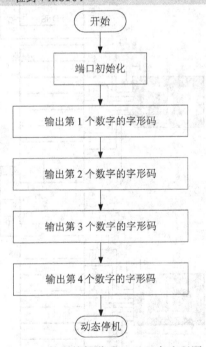

图 5-10　数码管拉幕式显示程序流程图

四、参考程序

```
#include <avr/io.h>
#include <util/delay.h>
#define dath PORTB|=_BV(1)        //预定义 dath 为数据端高电平
```

```
#define datl PORTB&=~_BV(1)              //预定义 datl 为数据端低电平
#define clkh PORTB|=_BV(0)               //预定义 clkh 为时钟端低电平
#define clkl PORTB&=~_BV(0)              //预定义 clkl 为时钟端高电平
const unsigned char SEG_7[16]={0xC0,0xF9,0xA4,0xB0,0x99,0x92,0x82,0xF8,
0x80,0x90,0x88,0x83,0xC6,0xA1,0x86,0x8E};

void play(unsigned char no)
{
    unsigned char j,data;               //变量 j 用于计数 data 暂存要输出的字形码
    data= SEG_7 [no];
    for(j=0;j<8;j++)                     //共 8 次，传送 8 位，先串高位
    {
        clkl;                           //74HC164 时钟低电平
        if(data&0x80)                   //判断高位是 0 还是 1
            dath;                       //若 1，则 164 数据置高
        else
            datl;                       //否则 164 数据置低
        clkh;                           //164 低电平产生下降沿
        data<<=1;                       //调整要显示的位
    }
}

int main()
{
    unsigned char i;
    DDRB|=0x03;                         //设置 PB0、PB1 输出连接 164 时钟数据
    for(i=0;i<4;i++)
    {
        play(i);                        //显示 i 值
        _delay_ms(800);                 //将这句改成"_delay_ms(1)"或者删除掉，会有什么效果？
    }
    while(1);                           //动态停机，防止程序指针 PC 跑飞
}
```

五、项目实施

1. 根据元器件清单选择合适的元器件。

2. 根据硬件设计原理图，在万能电路板进行元器件布局，并进行焊接工作。

3. 焊接完成后，重复进行线路检查，防止短路、虚接现象。

4. 在 AVR Studio 软件中创建项目，输入源代码并生成*.hex 文件。

5. 在确认硬件电路正确的前提下，通过 JTAG 仿真器进行程序的下载与硬件在线调试。

项目六

按键识别应用

【知识目标】

了解按键的确认与去抖原理以及方法

学会矩阵键盘的工作原理与内部连接

学会矩阵键盘的键值识别方法

【能力目标】

掌握按键的去抖方法

掌握矩阵键盘应用系统的设计

掌握矩阵键盘的程序编写、调试方法

任务一 项目知识点学习

一、单片机的 I/O 输入接口

假如把一个单片机嵌入式系统比作一个人，那么单片机就相当于人的心脏和大脑，而输入接口就好似人的感官系统，用于获取外部世界的变化、状态等各种信息，并把这些信息输送进人的大脑。嵌入式系统的人机交互通道、前向通道、数据交换和通信通道的各种功能都是由单片机的输入接口及相应的外围接口电路实现的。

对于一个电子系统来讲，外部现实世界各种类型和形态的变化和状态都需要一个变换器将其转换成电信号，而且这个电信号有时还需要经过处理，使其成为能被 MCU 容易识别和处理的数字逻辑信号，这是因为单片机常用的输入接口通常都是数字接口（A/D 接口、模拟比较器除外，它们属于模拟输入口，是在芯片内部将模拟信号转换成数字信号的）。

单片机 I/O 接口的逻辑是数字逻辑电平，即以电压的高和低作为逻辑 "1" 和 "0"，因此进入单片机的信号要求是电压信号。这些电压信号又可分为单次信号和连续信号。

间隔时间较长、单次产生的脉冲信号，以及较长时间保持电平不变化的信号称为单次信号。

常见的单次信号一般是由按键、限位开关等人为动作或机械器件产生的信号。而连续信号一般指连续的脉冲信号，如计数脉冲信号、数据通信传输等。

按键在本质上是机械开关，具有闭合和断开两种状态，通常按键按下时开关闭合，按键释放时开关断开。键盘由一组按键的组合构成。按键与单片机的接口电路设计思路是用按键的按下与否来影响单片机的引脚状态，这样单片机就可以通过读取引脚状态来判断按键的状态，达到输入信息的目的。

图 6-1 所示为按键与单片机接口的 3 种可能连接方式，图中 PB0、PB1、PB2 方向寄存器配置为 0，使其工作于输入方式，分别与 K3、K2、K1 3 个按键相连。其中，K2 是标准的接法，当 K2 没有按下时，PB1 引脚被外部上拉电阻 $R1$ 拉高为高电平；当 K2 按下时，PB1 引脚与地线短接，为低电平状态；单片机读取 PB1 的状态就可以判断是否有按键被按下。K1 是一种经济的接法，它利用 AVR 单片机 I/O 口片内的上拉电阻代替了外部上拉电阻。在这种连接中，要注意将 I/O 口的内部上拉电阻，即 PORTB 寄存器相应位置 "1"，否则当 K1 处于断开状态时，PB2 引脚将处于高阻态，易受干扰，而不能稳定工作。在这两种接法中，上拉电阻起到了使 I/O 口在按键释放状态下拉高引脚的作用，同时还起到了限流的作用，通常取值在 5～50kΩ。

K3 的连接方法是希望当按键释放时，由下拉电阻 $R2$ 将 I/O 口拉为低电平，单键按下时 I/O 口与电源相连接为高电平，以此来判断按键的状态。实际上这种接法是非常危险的，因为当 I/O 口直接与电源相连时，有可能会造成大的短路电流而将 I/O 口烧坏，所以在一般情况下禁止使用这种接法。

综上，我们对于简单按键通常使用 K1 和 K2 的接法，在程序中通过判断引脚电平的高低，即 PINB 相应位的高低，来判断按键是否按下。

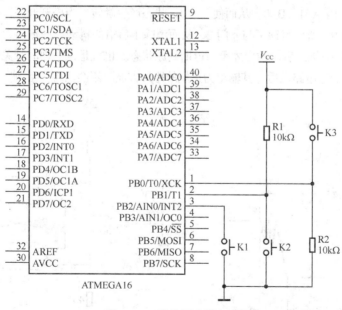

图 6-1　3 种按键连接方式

二、按键和键盘的消抖

实际上在按键的应用过程中，并没有上述那么简单，在其使用过程中会产生一些抖动，产生原因是由于其机械特性的影响。

1. 键盘的特性

键盘是由一组规则排列的按键组成的，一个按键实际上就是一个开关元件，即键盘是一组规则排列的开关。通常，按键所用开关为机械弹性开关，这种开关一般为常开型。平时（按键没有按下时）按键的触点是断开状态，按键被按下时才闭合。由于机械触点的弹性作用，一个按键开关从开始按下至接触稳定要经过一定的弹跳时间，即在这段时间里连续产生多个脉冲，在断开时也不会一下子断开，存在同样的问题，按键抖动信号波形如图 6-2 所示。

从波形图可以看出，按键开关在闭合及断开的瞬间，均伴随有一连串的抖动。抖动时间的长短由按键的机械特性决定，一般为 5～10ms，而按键的稳定闭合期由操作人员的按键决定，一般为十分之几秒的时间。

2. 按键抖动的消除

因为机械开关存在抖动的问题，为了确保 CPU 对一次按键动作只确认一次按键，必须消除抖动的影响。去除按键的抖动通常有硬件和软件两种方法。在键数较少的情况下，可用硬件消除抖动，而当键数较多时，采用软件消除抖动。

（1）硬件消除抖动。常用的硬件消除抖动的电路有由 RS 触发器构成的双稳态消除抖动电路和滤波消除抖动电路。

图 6-3 所示是双稳态消除抖动电路，图中两个与非门构成一个基本 RS 触发器。当按键为按下时，因 A=0，B=1，输出端为 1；当按键按下时，因按键的机械性能，使按键因弹性抖动而产生的瞬时不闭合（抖动跳开 B）。当开关没有稳定到达 B 时，因与非门 2 输出为 0 反馈到与非门 1 的输入端，封锁了与非门 1，双稳态电路的状态不会改变，输出保持为 1，不会产生抖动的波形。当开关稳定在 B 时，因 A=1，B=0，从而使 Q=0，状态产生翻转。当松开开关，在开关未稳定达到 A 端时，因输出为 0，所以封锁了与非门 2，从而消除了后沿的抖动，使输出为 0 保持不变。只有当开关稳定地达到 A 端之后，输出才重新返回到原状态。也就是说，即时开关输出的电压波形是抖动的，但经过双稳态电路之后，其输出为正规的矩形方波，不会出现"毛刺"现象。

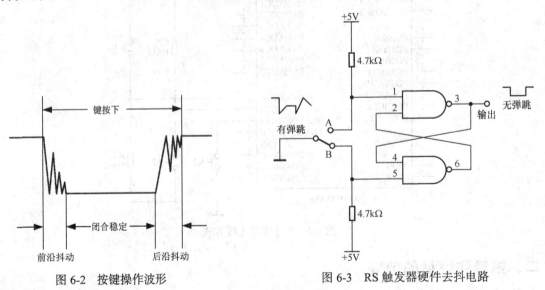

图 6-2　按键操作波形　　　　　　图 6-3　RS 触发器硬件去抖电路

（2）软件消除抖动

在单片机应用系统中，常用软件方法来消除抖动，即检测出按键闭合后执行一个延时程序，产生 5ms~10ms 的延时，以避开按键下去的抖动时间。待信号稳定之后再进行键查询，如果仍然保持闭合状态的电平，则确认为真正有按键按下，消除了抖动的影响。一般情况下，不对按键释放的后沿进行处理。

三、独立按键的识别

单片机读取按键的方式有两种——查询方式和中断方式。

查询方式：不断地检测是否有按键按下，如果有键按下，则去除抖动，判断键号并转入相应的按键处理程序。

中断方式：各个按键都接到一个"与"门上，当任何一个按键按下时，都会使"与"门输出为低电平，从而引起单片机的中断。不用在主程序中不断地循环查询是否有键按下，这样一旦有键按下，单片机再去做相应的中断处理。

以一个实例来说明单片机查询读取按键的方法，硬件电路如图 6-4 所示。4 个按键分别连接 ATmega16 的 PD4~PD7，通过查询的方式确定是否有按键按下。没有按键按下时，由于上拉电阻的作用，单片机通过引脚读回高电平，当有按键按下时读回低电平。通过按键控制发光二极管的亮灭，下面的例程中，在程序的开始部分先让 PB 口输出高电平，熄灭发光二极管，然后在 while（1）的循环中反复查询 PD4~PD7 是否有按键按下，任意键按下后通过软件延时 10ms 之后再次判断是否有按键按下，如确实有按键按下则令 PB 口输出低电平，点亮 8 个发光二极管。

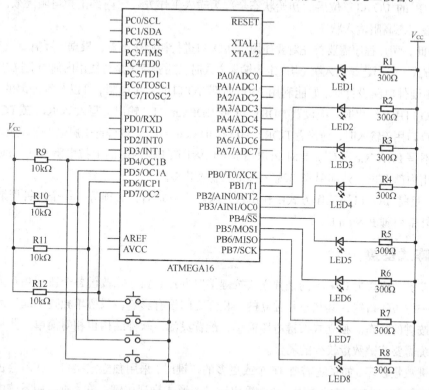

图 6-4　简单按键控制 LED 发光管电路图

```c
#include<avr/io.h>
#include<util/delay.h>
int main( )
{
```

```
        DDRD=0x00;                              //设置 PD 口 I/O 口方向
        PORTD|=0xF0;                            //设置 PD 口上拉电阻
        DDRB=0xFF;                              //设置 PB 口 I/O 口方向
        PORTB=0xFF;                             //设置 PB 口输出高电平
        while(1)                                //循环检查按键
        {
            if((PIND&0xF0))!=0xF0)              //有按键按下
            {
                delay_ms(10);                   //延时去除抖动
                if((PIND&0xF0))!=0xF0)          //再次判断是否有按键按下
                PORTB=0x00;                      //PB 口输出低电平
            }
        }
    }
```

I/O 接口作为输入时软件设计要点：AVR 通用 I/O 口的结构以及相关的寄存器已经在前文中作了介绍，同时给出了通用 I/O 口的输出应用实例。但要将 AVR 单片机的 I/O 接口用作数字输入口时，请千万注意 AVR 单片机同其他类型单片机的 I/O 口的不同，即 AVR 的通用 I/O 口是有方向的。在程序设计中，如果要将 I/O 口作为输入接口时，不要忘记应先对 I/O 进行正确的初始化和设置。

① 正确使用 AVR 的 I/O 口要注意：先正确设置 DDRx 方向寄存器，再进行 I/O 口的读写操作。

② AVR 的 I/O 口复位后的初始状态全部为输入工作方式，内部上拉电阻无效。所以，外部引脚呈现三态高阻输入状态。

③ 因此，用户程序需要首先对要使用的 I/O 口进行初始化设置，根据实际需要设定使用 I/O 口的工作方式（输出还是输入），当设定为输入方式时，还要考虑是否使用内部的上拉电阻。

④ 在硬件电路设计时，如能利用 AVR 内部 I/O 口的上拉电阻，可以节省外部的上拉电阻。

⑤ I/O 口用于输出时，应设置 DDRx = 1 或 DDRx.n = 1，输出值写入 PORTx 或 PORTx.n 中。

⑥ I/O 口用于输入时，应设置 DDRx = 0 或 DDRx.n = 0。读取外部引脚电平时，应读取 PINx.n 的值，而不是 PORTx.n 的值。此时 PORTx.n = 1 表示该 I/O 内部的上拉电阻有效，PORTx.n = 0 表示不使用内部上拉，外部引脚呈现三态高阻输入状态。

⑦ 一旦将 I/O 口的工作方式由输出设置成输入方式后，必须等待一个时钟周期后才能正确地读到外部引脚 PINx.n 的值。

四、矩阵式键盘

前面按键的连接方式采用的是独立式按键接口方式。独立式按键各个按键相互独立，每个按键占用一位 I/O 口线，其状态是独立的，相互之间没有影响，只要单独查询端口的高低电平就能判断按键的状态。独立式按键电路简单，配置灵活，软件结构也相对简单。此种接口方式适用于系统需要按键数量较少的场合。

当按键数量较多，如系统需要 16 个或更多的按键时，采用独立式接口方式就会占用太多的 I/O 口。为了减少对 I/O 口的占用，通常采用键盘的形式排列按键。单片机应用系统中的键盘按其结构形式可分为编码键盘和非编码键盘两种方式。编码键盘通过硬件的方式产生编码，能自动识别按下的按键并产生响应键码值，以并行或串行的方式发送给单片机，其与单片机的接口简单，响应速度快，但需要专门的硬件电路。非编码键盘通过软件的方法产生键码，不需要专用的硬件电路，结构简单，成本低廉，但是响应速度不如编码键盘快，在此项目中使用非编码矩阵式键盘。

1. 矩阵式键盘的连接

矩阵式键盘接口如图 6-5 所示，它由行线和列线组成，按键位于行、列的交叉点上。当键被按下时，其交点的行线和列线接通，相应的行线或列线上的电平发生变化，MCU 通过检测行或列线上的电平变化可以确定哪个按键被按下。矩阵式键盘相对于独立式按键接法要复杂一些，识别也要复杂一些，但是却实现了用较少的 I/O 资源获取更多的按键信息。

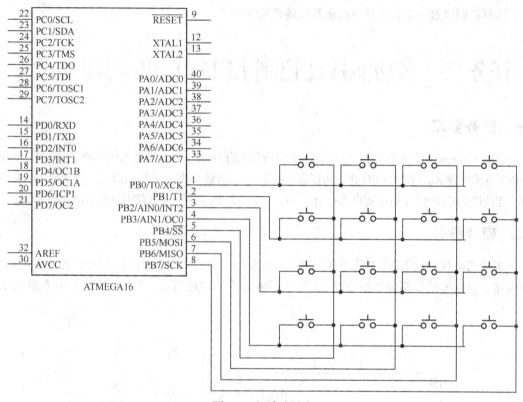

图 6-5　矩阵式键盘

2. 矩阵式键盘的识别

在矩阵键盘的软件接口程序中，常使用的按键识别方法有行扫描法和线反转法。

（1）扫描法。判断是否有键按下：使列线都输出 0，检测行线的电平。如果行线上的电平全为高，则表示没有键被按下。如果有某一行线上的电平不为低，则表示有键被按下，且闭合的按键位于与该行线相交叉的 4 个按键中。

判断按下的按键位置：在确认有按键按下后，既可进入确定按下按键位置的过程。如果有键闭合，再进行逐列扫描，找出闭合键的键号。依次将行线置为低电平，即在某根行线为低电平的时候，其他行线为高电平。在确认某根行线位置为低电平后，再逐个检测各列线的电平状态。若某列为低，则该列线与置为低电平的行线交叉处的按键就是闭合的按键。

（2）线反转法。线反转法是识别按键的另一种方法。它比较简单，只需要两步就可确定按键所在的行和列。

第 1 步：将行线编程为输入线，列线编程为输出线，并使输出全为低电平。则行线中电平由高到低变化的行为被按下键所在的行。

第 2 步：同第 1 步相反，将行线编程为输出线，列线编程为输入线，并使输出线输出全为低电平。则列线中电平由高到低所在的列为按键所在的列。

综合这两步结果可确定按键所在的行和列，从而识别出所按下的键。

例如图 6-5 中第 1 行最后一个键被按下。第 1 步列线输出行线输入，读入 PB 口后得到 0EH。第 2 步行线输出列线输入，再读入 PB 口后得到 E0H。综合第 1、第 2 步，将两次得到的 0EH、E0H 合成为（相或）EEH，则 EEH 为被按下键 3 号键的键值。照此分析，每个键的键值是唯一的。这样我们通过查表方法就可圆满解决键识别的问题。

任务二　多功能按键控制 LED 灯

一、任务要求

利用 ATmega16 单片机数字 I/O 口，实现对按键状态的读取，控制霓虹灯的不同显示花样。例如：当按下开关按键 K0，按下 LED 进入可以点亮状态，K1 有效，再按一下 LED 进入熄灭状态，K1 无效；连续按功能按键 K1 可以实现彩灯 D1、D2、D3、D4 的交替点亮，模拟家庭多功能彩灯功能。

二、硬件设计

多功能按键控制 LED 电路原理图如图 6-6 所示，省略了 ATmega16 单片机外部应接的电源电路、复位电路等部分外围电路，PD7、PD6 分别接功能按键，PC0～PC3 分别连接 LED。

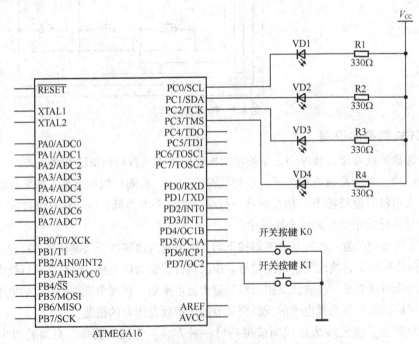

图 6-6　多功能按键控制 LED 硬件原理图

三、程序设计

多功能按键控制 LED 灯程序流程图如图 6-7 所示。在程序编写时注意，在判断按键是否按下时要加延时去抖程序。

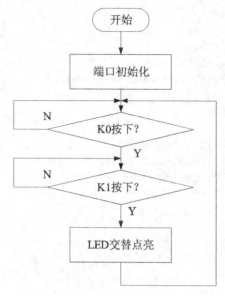

图 6-7　多功能按键控制 LED 灯程序流程图

四、参考程序

```
#include <avr/io.h>
#include <util/delay.h>
#define K0_ON() ((PIND&_BV(PD6))!=0X40)        //K0 按下
#define K1_ON() ((PIND&_BV(PD7))!=0X80)        //K1 按下
int main()
{
    unsigned char LED_ON=0,LED=1;
    DDRD&= ~ 0XC0;
    DDRC|=0X0F;
    PORTB|=0XC0;
    PORTC|=0X0F;
    while(1)
    {
        if(K0_ON())                            //如果开关 K0 接高电平
        {
            _delay_ms(5);
            if(K0_ON())
                if(LED_ON) LED_ON=0;
                else LED_ON=1;
            while(K0_ON());
            do{_delay_ms(5);}while(K0_ON());
        }
```

```
        if(LED_ON)
        {
            if(K1_ON())                          //如果开关 K1 接高电平
            {
                _delay_ms(5);
                if(K1_ON())
                    LED++;
                if(LED==5)
                    LED=1;
                while(K1_ON());
                do{_delay_ms(5);}while(K1_ON());
            }
            switch(LED)
            {
                case 1:PORTC=0Xfe;break;
                case 2:PORTC=0Xfd;break;
                case 3:PORTC=0Xfb;break;
                case 4:PORTC=0Xf7;break;
            }
        }
        else PORTC=0XFF;
    }
}
```

五、项目实施

1. 根据元器件清单选择合适的元器件。
2. 根据硬件设计原理图，在万能电路板进行元器件布局，并进行焊接工作。
3. 焊接完成后，重复进行线路检查，防止短路、虚接现象。
4. 在 AVR Studio 软件中创建项目，输入源代码并生成*.hex 文件。
5. 在确认硬件电路正确的前提下，通过 JTAG 仿真器进行程序的下载与硬件在线调试。

任务三　矩阵式键盘键值识别

一、任务要求

设计一个 4×4 的矩阵键盘识别显示系统，利用 ATmega16 单片机的 4 个数字 I/O 口作为行线，4 个数字 I/O 端口作为列线，有按键按下数码管显示对应键值，并通过数码管显示按键的键值。

二、硬件设计

将 16 个按键按照 4×4 的矩阵排列，按键两端按照图 6-8 所示分别接到 PD0～PD7，显示部分采用了单个数码管。这里省略了 ATmega16 单片机外部应接的电源电路、复位电路等部分外围电路。

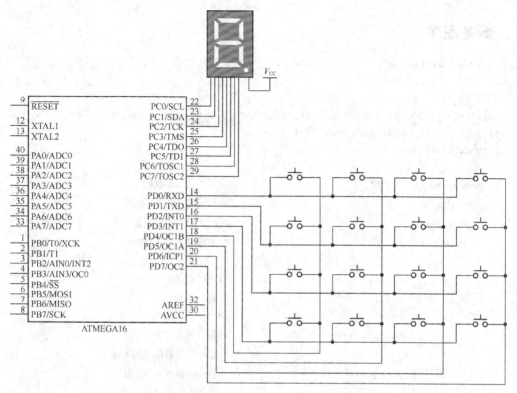

图 6-8　矩阵式键盘显示硬件原理图

三、程序设计

如图 6-9 所示，先判断是否有按键按下，判断 4 根行线或 4 根列线是否有低电平即可。确定有按键按下后，翻转行线、列线，将两次行列的值合并可得到按键的键值，然后通过查表的方法得到按键对应的字符，最后通过数码管显示。

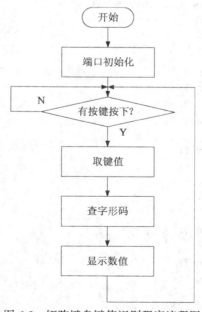

图 6-9　矩阵键盘键值识别程序流程图

四、参考程序

```c
#include <avr/io.h>
#include <util/delay.h>
//共阳字形码
const unsigned char SEG_7[18]={0xc0,0xf9,0xa4,0xb0,0x99,0x92,0x82,0xf8,
0x80,0x90,0x88,0x83,0xc6,0xa1,0x86,0x8e};
unsigned char scan_key(void)
{
    unsigned char data;              //用于合成键盘码
    DDRD=0x0f;                       //行线输入，列线输出
    PORTD=0xf0;                      //行上拉，列输出低电平
    if(PIND!=0xf0)                   //判读是否有按键按下
    {
        _delay_ms(10);               //延时去抖动
        if(PIND!=0xf0)               //再次判断
        {
            data=PIND&0xf0;          //提取列键盘码
            DDRD=0xf0;               //反转行线输出列线上输入
            PORTD=0x0f;              //行输出低电平列上拉
            data=(PIND&0x0f)|data;   //由于此时按键还保持按下
                                     //则可立即读出行键盘码并合成
            return data;             //返回键盘码
        }
    }
    return 0xff;
}
unsigned char key_num(unsigned char data)
{
    switch(data)
    {
        case 0xee:return 7;
        case 0xed:return 4;
        case 0xeb:return 1;
        case 0xe7:return 10;

        case 0xde:return 8;
        case 0xdd:return 5;
        case 0xdb:return 2;
        case 0xd7:return 0;

        case 0xbe:return 9;
        case 0xbd:return 6;
        case 0xbb:return 3;
        case 0xb7:return 11;

        case 0x7e:return 12;
```

```
            case 0x7d:return 13;
            case 0x7b:return 14;
            case 0x77:return 15;
            default:return 16;
        }
    }
int main()
{
    unsigned char data,key;
    DDRC|=0xFF;
    PORTC=0xFF;
    while(1)
    {
        key=scan_key();
        if(key!=0xff)                    //若键盘码改变
        {
            data=key_num(key);           //则进行解析
            PORTC=SEG_7[data];           //显示
            key=0xff;
        }
        _delay_ms(500);
    }
}
```

五、项目实施

1. 根据元器件清单选择合适的元器件。
2. 根据硬件设计原理图，在万能电路板进行元器件布局，并进行焊接工作。
3. 焊接完成后，重复进行线路检查，防止短路、虚接现象。
4. 在 AVR Studio 软件中创建项目，输入源代码并生成*.hex 文件。
5. 在确认硬件电路正确的前提下，通过 JTAG 仿真器进行程序的下载与硬件在线调试。

任务四　电话拨号显示控制

一、任务要求

设计一个电话拨号显示系统，利用 ATmega16 单片机作为控制器，4×4 的矩阵键盘作为电话拨号盘，9 个数码管作为号码显示器。每按下一个号码，在数码管上显示相应的号码，同时所有显示内容左移。

二、硬件设计

在硬件设计上，显示部分采用 74HC164 芯片扩展 I/O 连接数码管，在图 6-10 中省略了中间 6 片 74HC164 芯片及数码管电路，省略了 ATmega16 单片机外部应接的电源电路、复位电路等部分外围电路。

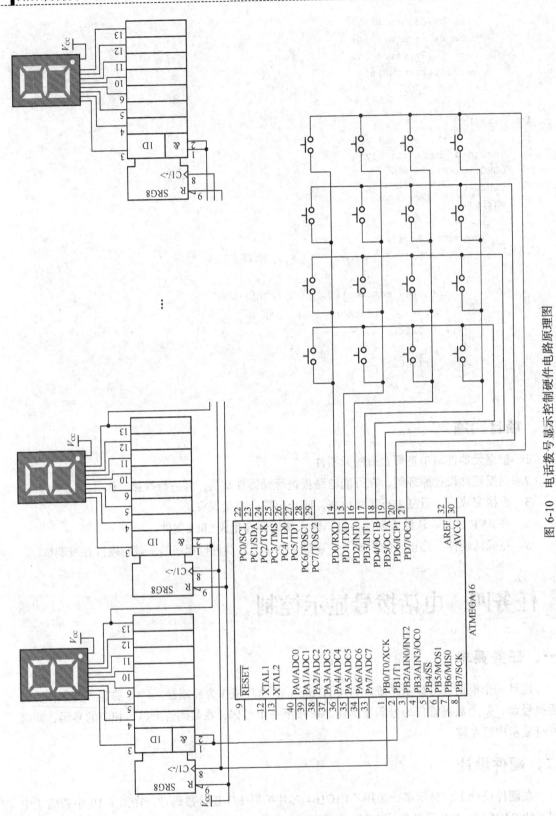

图 6-10　电话拨号显示控制硬件电路原理图

三、程序设计

在每次读取完按键值后，通过 74HC164 芯片将字形码在数码管上显示，并记录按键次数，再次读取按键值后，将前一次的显示值旁移，按键次数达到 9 后停止读取按键值，如图 6-11 所示。

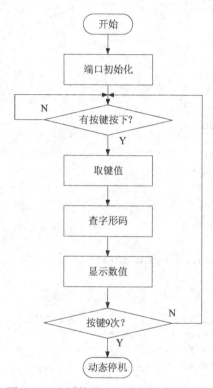

图 6-11　电话拨号显示控制程序流程图

四、参考程序

```
#include <avr/io.h>
#include <util/delay.h>
#define dath PORTB|=_BV(1)
#define datl PORTB&=~_BV(1)
#define clkh PORTB|=_BV(0)
#define clkl PORTB&=~_BV(0)
const unsigned char SEG_7[18]={0xc0,0xf9,0xa4,0xb0,0x99,0x92,0x82,0xf8,
0x80,0x90,0x88,0x83,0xc6,0xa1,0x86,0x8e};        //串行显示函数
void play(unsigned char no)
{
    unsigned char j,data;
    data= SEG_7 [no];
    for(j=0;j<8;j++)
    {
        clkl;
        if(data&0x80)
            dath;
        else
```

```
                datl;
        clkh;
        data<<=1;
    }
}
unsigned char scan_key(void)
{
    unsigned char data;
    DDRD=0x0f;
    PORTD=0xf0;
    if(PIND!=0xf0)
    {
        _delay_ms(10);
        if(PIND!=0xf0)
        {
            data=PIND&0xf0;
            DDRD=0xf0;
            PORTD=0x0f;
            data=(PIND&0x0f)|data;
            return data;
        }
    }
    return 0xff;
}
unsigned char key_num(unsigned char data)
{
    switch(data)
    {
        case 0xee:return 7;
        case 0xed:return 4;
        case 0xeb:return 1;
        case 0xe7:return 10;

        case 0xde:return 8;
        case 0xdd:return 5;
        case 0xdb:return 2;
        case 0xd7:return 0;

        case 0xbe:return 9;
        case 0xbd:return 6;
        case 0xbb:return 3;
        case 0xb7:return 11;

        case 0x7e:return 12;
        case 0x7d:return 13;
        case 0x7b:return 14;
        case 0x77:return 15;
        default:return 16;
    }
}
int main()
{
    unsigned char data,key,i=0;
    DDRB|=0x03;
    while(1)
    {
```

```
        key=scan_key();
        if(key!=0xff)                    //若键盘码改变
        {
            data=key_num(key);      //则进行解析
            play(data);              //并显示
            i++;
        }
        _delay_ms(500);
        if(i==10)
            break;
    }
    while(1);
}
```

五、项目实施

1. 根据元器件清单选择合适的元器件。
2. 根据硬件设计原理图,在万能电路板进行元器件布局,并进行焊接工作。
3. 焊接完成后,重复进行线路检查,防止短路、虚接现象。
4. 在 AVR Studio 软件中创建项目,输入源代码并生成*.hex 文件。
5. 在确认硬件电路正确的前提下,通过 JTAG 仿真器进行程序的下载与硬件在线调试。

项目七

中断控制应用

【知识目标】

了解单片机系统中断系统的概念

学会与外部中断系统有关的寄存器的功能

【能力目标】

掌握与外部中断系统有关的寄存器的设置方法

掌握中断服务子程序的结构及基本编程方法

掌握简单中断应用系统的程序编写、调试方法

任务一 项目知识点学习

一、中断的基本概念

1. 什么是中断

什么是中断？从生活中举例来说，正在看书的时候，突然，门铃响了，这时放下手中的书，先看一下是谁在敲门，处理完毕之后再继续回来看书。诸如此类的事情很多。所谓中断就是打断当前正在做的事情，转去做其他"更为紧急"的事情，中断执行过后，还要继续做原来的事情。

在单片机的应用实践中，类似的情景也会经常发生，单片机在执行程序的过程中，有一些事情是突然发生的，需要马上处理，在某些实时性要求非常高的场合，要求的响应速度甚至达到微秒级。这样依靠传统的顺序执行程序将无法满足实时性的要求，所以在单片机系统中引入了中断这样一个机制。

中断是指 CPU 正在执行程序的过程中，CPU 以外发生的某一事件（如芯片引脚一个电平变化、一个脉冲沿的发生或定时/计数器的溢出等）向 CPU 发出中断请求信号，要求 CPU 暂时中断当前程序的执行而转去执行相应的处理程序，并在执行完待处理程序后自动返回原来被中

断的程序的过程，其处理过程如图 7-1 所示。

2. 采用中断的优点

① 分时操作。提高 MCU 的效率，只有当服务对象或功能部件向单片机发出中断请求时，单片机才会转去为他服务。这样，利用中断功能，多个服务对象和部件就可以同时工作，从而提高了 MCU 的效率。

② 实时控制。利用中断技术，各服务对象和功能模块可以根据需要，随时向 MCU 发出中断申请，并使 MCU 为其工作，以满足实时处理和控制需要。

③ 故障处理。单片机系统在运行过程中突然发生硬件故障、运算错误及程序故障等，可以通过中断系统及时向 MCU 发出请求中断，进而 MCU 转到响应的故障处理程序进行处理。

3. 中断的优先级及嵌套

中断的优先级是针对有多个中断同时发出请求，MCU 该如何响应中断，响应哪一个中断而提出的。

通常，一个单片机会有若干个中断源，MCU 可以接收若干个中断源发出的中断请求。但在同一时刻，MCU 只能响应这些中断请求中的其中一个。为了避免 MCU 同时响应多个中断请求带来的混乱，在单片机中为每一个中断源赋予一个特定的中断优先级。一旦有多个中断请求信号，MCU 先响应中断优先级高的中断请求，然后再逐次响应优先级次一级的中断。中断优先级也反映了各个中断源的重要程度，同时也是分析中断嵌套的基础。

当低级别的中断服务程序正在执行的过程中，有高级别的中断发出请求，则暂停当前的低级别中断，转入响应高级别的中断，待高级别的中断处理完毕后，再返回原来的低级别中断断点处继续执行，这个过程称为中断嵌套，其处理过程如图 7-2 所示。

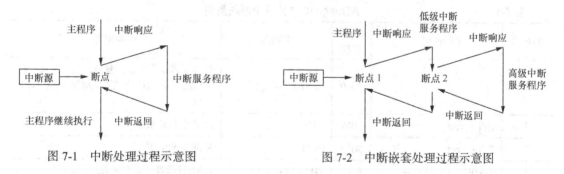

图 7-1　中断处理过程示意图　　　图 7-2　中断嵌套处理过程示意图

二、中断源和中断向量

1. 中断源

中断源是指能够向单片机发出中断请求信号的部件和设备。中断源又可以分为外部中断和内部中断。

单片机内部的定时器、串行接口、ADC、TWI 等功能模块都可以工作在中断模式下，在特定的条件下产生中断请求，这些位于单片机内部的中断源称为内部中断。

外部设备，也可以通过外部中断入口，向 MCU 发出中断请求，这类中断称为外部中断源。

AVR 单片机具有丰富的中断源，ATmega16 单片机有 21 个中断源，如表 7-1 所示。在这 21 个中断源中，RESET 是系统复位中断，为非屏蔽中断，当 ATmega16 单片机由于各种原因复位之后，程序将重新执行。

INT0、INT1 和 INT2 是 3 个外部中断源，分别由芯片的外部引脚 PD2、PD3 和 PB2 上的电平变化或状态触发。通过对控制寄存器 MCUCR 和控制与状态寄存器 MCUCSR 的配置，外部中断可以定义为由 PD2、PD3、PB2 引脚上的下降沿、上升沿、任意逻辑电平变化和低电平（INT2 仅支持上升沿和下降沿触发）触发，这为外部硬件电路和设备向 AVR 申请中断服务提供很大便利。

TIMER2 COMP、TIMER2 OVF、TIME1 CAPT、TIMER1 COMPA、TIMER1 COMPB、TIMER1 OVF、TIMER0 OVF 和 TIMER0 COMP 这 8 个中断是来自于 ATmega16 单片机内部 3 个定时/计数器触发的内部中断。当定时/计数器在不同的工作模式时，这些中断的发生条件和具体意义是不同的。

USART RXC、USART TXC、USART UDRE 是来自于 ATmega16 单片机内部的通用同步/异步串行接收和发送器 USART 的 3 个内部中断。当 USART 串口完整接收一个字节，成功发送一个字节以及发送数据寄存器为空时，这 3 个中断将被触发。

SPI STC 为内部 SPI 串行接口传送结束中断，ADC 为 ADC 单元完成一次 A/D 转换的中断，EE_RDY 是片内的 EEPROM 就绪中断，ANA_COMP 是片内的模拟比较器输出引发的中断，TWI 为两线串行接口的中断，SPM_RDY 是片内的 Flash 写操作完成中断。

2. 中断向量

中断源发出的请求信号被 CPU 检测到之后，如果单片机的中断控制系统允许响应中断，则 CPU 会自动转移，执行一个固定的程序空间地址中的指令。这个固定的地址称为中断入口地址，也称中断向量。中断入口地址通常是由单片机内部硬件决定的。ATmega16 单片机的中断向量见表 7-1。

表 7-1　　　　　　　　　　　　　ATmega16 单片机中断向量表

向量号	中断向量名	程序地址	中断源	中断定义
1		$000	RESET	外部引脚电平引发的复位，上电复位，掉电检测复位，看门狗复位，以及 JTAG AVR 复位
2	INT0_vect	$002	INT0	外部中断请求 0
3	INT1_vect	$004	INT1	外部中断请求 1
4	TIMER2_COMP_vect	$006	TIMER2 COMP	定时/计数器 2 比较匹配
5	TIMER2_OVF_vect	$008	TIMER2 OVF	定时/计数器 2 溢出
6	TIMER1_CAPT_vect	$00A	TIMER1 CAPT	定时/计数器 1 事件捕捉
7	TIMER1_COMPA_vect	$00C	TIMER1 COMPA	定时/计数器 1 比较匹配 A
8	TIMER1_COMPB_vect	$00E	TIMER1 COMPB	定时/计数器 1 比较匹配 B
9	TIMER1_OVF_vect	$010	TIMER1 OVF	定时/计数器 1 溢出
10	TIMER0_OVF_vect	$012	TIMER0 OVF	定时/计数器 0 溢出
11	SPI_STC_vect	$014	SPI STC	SPI 串行传输结束
12	USART_RXC_vect	$016	USART RXC	USART，接收结束
13	USART_UDRE_vect	$018	USART, UDRE	USART 数据寄存器空

续表

向量号	中断向量名	程序地址	中断源	中断定义
14	USART_TXC_vect	$01A	USART,TXC	USART，发送结束
15	ADC_vect	$01C	ADC	ADC 转换结束
16	EE_RDY_vect	$01E	EE_RDY	EEPROM 就绪
17	ANA_COMP_vect	$020	ANA_COMP	模拟比较器
18	TWI_vect	$022	TWI	两线串行接口
19	INT2_vect	$024	INT2	外部中断请求 2
20	TIMER0_COMP_vect	$026	TIMER0 COMP	定时/计数器 0 比较匹配
21	SPM_RDY_vect	$028	SPM_RDY	保存程序存储器内容就绪

三、ATmega16 的中断控制及响应过程

1. 中断的优先级

AVR 单片机中，一个中断在中断向量区中的位置决定了其优先级，位于低地址的中断优先级高于高地址的中断。对于 ATmega16 单片机，复位中断 RESET 具有最高优先级，外部中断 INT0 其次，SPM_RDY 的中断优先级最低。

2. 中断管理及中断标志

AVR 有两种不同的中断：带有中断标志位的中断和不带中断标志位的中断。

在 AVR 中，大多数的中断都有自己的中断标志位，在其相应的寄存器中有一个标志位满足中断条件的时候，AVR 的硬件就会将相应的中断标志位置 1，表示向 MCU 发出中断请求。当中断被禁止或 MCU 不能立即响应中断时（有别的中断正在执行），则该中断标志位会一直保持，直到中断允许并得到响应为止。已经建立的中断标志实质上就是一个中断请求信号，如果暂时不能被响应，则该中断标志会一直保持，此时中断被"挂起"。如果有多个中断被挂起，一旦中断允许之后，各个被挂起的中断将按照优先级依次得到中断响应为止。

在 AVR 中，还有个别中断不带中断标志位，例如配置为低电平触发的外部中断。这类中断只要条件满足，就会一直向 MCU 发出中断申请，不产生标志位，因此不能被"挂起"，如果由于等待时间过长而得不到响应，则可能会因为中断条件的结束而失去一次中断服务的机会。另一方面，如果这个低电平维持时间过长，则会使中断服务完成后再次响应，使 MCU 重复响应同一中断请求。

AVR 对中断采用两级控制方式，有一个总的中断允许控制位（SREG 中的 I 标志位 SREG.7），同时每一个中断源都设置了独立的中断允许控制位（在各中断源所属模块的控制寄存器中）。

3. 中断嵌套

由于 AVR 在响应一个中断的过程中，通过硬件自动将 I 标志位清零，这样就阻止了 MCU 响应其他的中断。因此，在通常情况下 AVR 是不能实现中断嵌套的，如果系统中必须要有中断嵌套的应用，可以在中断服务程序中使用指令将全局中断允许位打开，以间接的方式实现中断的嵌套。

4. ATmega16 的中断响应过程

① 当一个中断满足响应条件后，MCU 便可以执行中断响应。

② 清 0 状态寄存器 SREG 中的全局中断标志位 I，禁止响应其他中断。

③ 将被响应中断的标志位清零（仅对部分中断有此操作）。

④ 将中断的断点地址（即当前程序计数器 PC 的值）压入堆栈，并将 SP 寄存器中堆栈指针减 2。

⑤ 给出中断入口地址，程序计数器 PC 自动装入中断入口地址，执行响应的中断服务程序。

⑥ 保护现场，为了使中断处理不影响主程序的运行，需要把断点处有关寄存器的内容和标志位的状态压入堆栈区进行保护。现场保护要在中断服务程序开始处通过编程实现。

⑦ 中断服务，执行相应的中断服务，进行必要的处理。

⑧ 恢复现场，在中断服务结束之后返回主程序之前，把保护在堆栈区的现场数据从堆栈区中弹出，送到原来的位置。

⑨ 从栈顶弹出两字节的数据，给程序计数器 PC，并将 SP 寄存器中的堆栈指针加 2。

⑩ 置位状态寄存器 SREG 中的全局中断允许位 I，允许响应其他中断。

四、GCCAVR 高级语言环境下中断服务程序的编写

在高级语言的开发环境中，都扩展和提供了相应的编写中断服务程序的方法，通常不必考虑中断现场保护和回复的处理，因为编译器在编译中断服务程序代码时，会在生成的目标代码中自动加入相应的中断现场保护和回复的指令。

在本书使用的 WinAVR 版本下，中断服务例程格式为：

```
ISR(中断向量名称)
{
                //中断发生后要执行的语句
}
```

其中，ISR 即中断服务例程（Interrupt Service Routine），在查找不同芯片的中断向量名称（表 7-1）时，可在 AVRStudio 的 "Help" 菜单中单击 "avr-libc ReferenceManual"（AVR 库函数参数手册），打开 "Library Reference" 中有关 interrupt. h 的参考资料，向下找到中断向量表，查找不同芯片和不同中断的中断向量名。

五、ATmega16 的外部中断

ATmega16 有 INT0、INT1 和 INT2 这 3 个外部中断源，分别由芯片的 PD2、PD3 和 PB2 引脚上的电平变化或状态作为触发信号，见表 7-2。

表 7-2　　　　　　　　　　　　外中断的 4 种中断触发方式

触发方式	INT0	INT1	INT2	说明
上升沿触发	√	√	√	
下降沿触发	√	√	√	
任意电平触发	√	√	—	
低电平触发	√	√		无中断标志

说明：低电平触发是不带中断标志类型的，即只要中断输入引脚 PD2 或 PD3，保持低电平，那么将会一直产生中断申请。

MCU 对 INT0 和 INT1 引脚的上升沿或下降沿变化的识别（触发），需要 I/O 时钟信号的存在（由 I/O 时钟同步检测），属于同步边沿触发的中断类型。

MCU 对 INT2 引脚上升沿或下降沿变化的识别（触发）及 INT0 和 INT1 低电平的识别（触发），以及低电平的识别（触发）是通过异步方式检测的，不需要 I/O 时钟信号的存在。因此，这类触发类型的中断经常作为外部唤醒源，用于将处在 Idle 休眠模式，以及处在各种其他休眠模式的 MCU 唤醒。这是由于除了在空闲（Idle）模式时，I/O 时钟信号还保持继续工作，在其他各种休眠模式下，I/O 时钟信号均是处在暂停状态的。

如果设置了允许响应外部中断的请求，那么即便是引脚 PD2、PD3、PB2 设置为输出方式工作，引脚上的电平变化也会产生外部中断触发请求。这一特性为用户提供了使用软件产生中断的途径。

六、外部中断相关的寄存器

1. MCU 控制寄存器 MCUCR

位	7	6	5	4	3	2	1	0
	SM2	SE	SM1	SM0	ISC11	ISC10	ISC01	ISC00
读/写	R/W	R/W	R/W	R/W	R/W	R/W	R/W	R/W
复位值	0	0	0	0	0	0	0	0

① BIT3，BIT2：ISC11，ISC10 控制外部中断 INT1 的中断触发方式。
② BIT1，BIT0：ISC01，ISC00 控制外部中断 INT0 的中断触发方式，见表 7-3。

表 7-3　　　　　　　　外部中断 0 和外部中断 1 的中断触发方式

ISCx1	ISCx0	中断触发方式
0	0	INTx 为低电平时产生中断请求
0	1	INTx 引脚上的任意逻辑电平变化都产生中断请求
1	0	INTx 的下降沿产生中断请求
1	1	INTx 的上升沿产生中断请求

MCU 对 INT0、INT1 引脚上电平值的采样在边沿检测前。如果选择脉冲边沿触发或电平变化中断的方式，那么在 INT0、INT1 引脚上持续时间大于一个时钟周期的脉冲变化将触发中断，过短的脉冲则不能保证触发中断。如果选择低电平触发中断，那么低电平必须保持到当前指令执行完成才触发中断。在使用低电平触发方式时，中断请求将一直保持到引脚上的低电平消失为止。换句话说，只要中断的输入引脚保持低电平，那么将会一直触发产生中断。

2. MCU 控制和状态寄存器 MCUCSR

位	7	6	5	4	3	2	1	0
	JTD	ISC2	—	JTRF	WDRF	BORF	EXTRF	PORF
读/写	R/W	R/W	R	R/W	R/W	R/W	R/W	R/W
复位值	0	0	0	0	0	0	0	0

BIT6：ISC2 控制 INT2 中断触发方式，见表 7-4。

表 7-4 外部中断 2 的中断触发方式

ISC2	中断触发方式
0	INT2 的下降沿产生异步中断请求
1	INT2 的上升沿产生异步中断请求

3. 通用中断控制寄存器 GICR

位	7	6	5	4	3	2	1	0
	INT1	INT0	INT2	—	—	—	IVSEL	IVCE
读/写	R/W	R/W	R/W	R	R	R	R/W	R/W
复位值	0	0	0	0	0	0	0	0

① BIT7：INT1 为外部中断 1 的中断使能位。

② BIT6：INT0 为外部中断 0 的中断使能位。

③ BIT5：INT2 为外部中断 2 的中断使能位。

当 SREG 寄存器中的全局中断 I 位为 "1"，且 GICR 寄存器中相应的中断允许位置 1，那么当外部中断触发时，MCU 会响应相应的中断请求。

4. 通用中断标志寄存器 GIFR

位	7	6	5	4	3	2	1	0
	INTF1	INTF0	INTF2	—	—	—	—	—
读/写	R/W	R/W	R/W	R	R	R	R	R
复位值	0	0	0	0	0	0	0	0

① BIT7：INTF1 为外部中断 1 中断标志位。

② BIT6：INTF0 为外部中断 0 中断标志位。

③ BIT5：INTF2 为外部中断 2 中断标志位。

当外部中断引脚上的有效事件满足中断触发条件之后，INTF1、INTF0 和 INTF2 位会变为 "1"。如果此时 SREG 寄存器的 I 位为 "1"，且 GICR 寄存器中的 INTTx 置 "1"，则 MCU 将响应中断请求，跳至相应的中断向量处开始执行中断服务程序，同时硬件自动将 INTFx 标志位清零。也可以用软件将 INTFx 标志位清零，写逻辑 "1" 到 INTFx 将其清零。当外部中断 0 和 1 设置为低电平触发的时候，相应的标志位 INTF0 和 INTF1 始终为 "0"，因为低电平触发方式是不带中断标志位的。

5. 状态寄存器 SREG

BIT7：I 全局中断使能。

I 置位时使能全局中断。单独的中断使能由其他独立的控制寄存器控制。如果 I 清零，则不论单独中断标志置位与否，都不会产生中断。任意一个中断发生后 I 清零，而执行 RETI 指令后 I 恢复置位以使能中断。I 也可以通过 SEI 和 CLI 指令来置位和清零。

位	7	6	5	4	3	2	1	0
	I	T	H	S	V	N	Z	C
读/写	R/W	R/W	R/W	R/W	R/W	R/W	R/W	R/W
复位值	0	0	0	0	0	0	0	0

七、看门狗复位

1. ATmega16 看门狗简介

在由单片机构成的微型计算机系统中，因为单片机的工作常常会受到来自外界电磁场的干扰，造成程序的跑飞，而陷入死循环，程序的正常运行被打断，由单片机控制的系统无法继续工作，会造成整个系统的陷入停滞状态，发生不可预料的后果，所以出于对单片机运行状态进行实时监测的考虑，便产生了一种专门用于监测单片机程序运行状态的功能模块，俗称"看门狗"（Watch Dog）。

ATmega16 单片机内置看门狗电路，看门狗电路实际上是一个定时器电路，该定时器采用独立的内部 1M 的 RC 振荡器驱动，其示意图如图 7-3 所示。

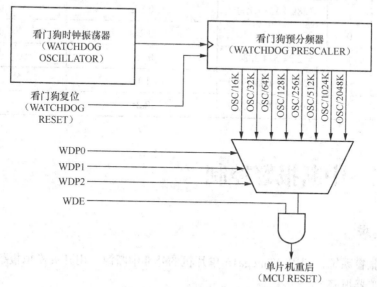

图 7-3　频率选择

根据设置的看门狗定时时间，当程序运行时间超过定时时间后，如果没有及时复位看门狗（就是俗称的"喂狗"），看门狗定时器就会发生溢出，这个溢出将导致程序的复位，从而保证在程序跑飞的情况下，不会长时间没有响应。

2. 看门狗定时器控制寄存器 WDTCR

位	7	6	5	4	3	2	1	0
	—	—	—	WDTOE	WDE	WDP2	WDP1	WDP0
读/写	R/W	R/W	R/W	R/W	R/W	R/W	R/W	R/W
复位值	0	0	0	0	0	0	0	0

① BIT4——WDTOE：看门狗修改使能。清零 WDE 时必须置位 WDTOE，否则不能禁止看门狗。一旦置位，硬件将在紧接的 4 个时钟周期之后将其清零。

② BIT3——WDE：使能看门狗。WDE 为"1"时，看门狗使能，否则看门狗将被禁止。只有在 WDTOE 为"1"时 WDE 才能清零。

③ 以下为关闭看门狗的步骤：在同一个指令内对 WDTOE 和 WDE 写"1"，即使 WDE 已经为"1"；在紧接的 4 个时钟周期之内对 WDE 写"0"。

④ BIT2：0——WDP2，WDP1，WDP0：看门狗定时器预分频器 2，1 和 0。这 3 位决定看门狗的预分频器，见表 7-5。

表 7-5　　　　看门狗定时器预分频器配置

WDP2	WDP1	WDP0	看门狗振荡器周期	V_{CC}=3.0V 时典型的溢出周期	V_{CC}=5.0V 时典型的溢出周期
0	0	0	16k（16 384）	17.1ms	16.3ms
0	0	1	32k（32 768）	34.3ms	32.5ms
0	1	0	64k（65 536）	68.5ms	65ms
0	1	1	128k（131 072）	0.14s	0.13s
1	0	0	256k（262 144）	0.27s	0.26s
1	0	1	512k（524 288）	0.55s	0.52s
1	1	0	1024k（1 048 576）	1.1s	1.0s
1	1	1	2048k（2 097 152）	2.2s	2.1s

任务二　中断报警控制

一、任务要求

设计一个报警系统，利用 ATmega16 单片机的外部中断源，用开关模拟报警信号，当触发报警时，有蜂鸣器报警。

二、硬件设计

由于使用中断触发报警的方式，需要使用外部中断引脚去检测电平的变化情况。使用外部中断 0 作为报警触发端，所以在图 7-4 中把开关连接到 PD2 管脚。

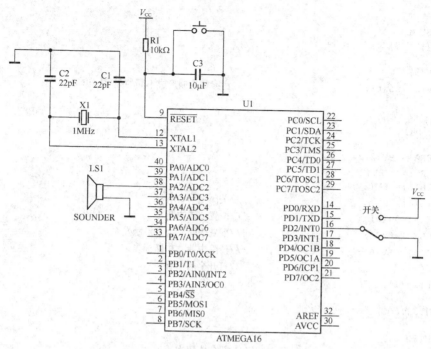

图 7-4　中断报警控制硬件接线图

三、程序设计

首先对系统进行初始化配置，需要注意的是在配置外部中断寄存器前，一定要先将 I/O 口寄存器进行初始化，否则将无法读取外部电平的变化情况。根据硬件电路，配置 INT0 控制寄存器为下降沿触发中断方式，如图 7-5 所示。

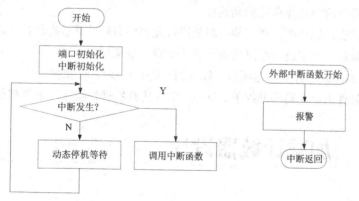

图 7-5　中断报警控制程序流程图

四、参考程序

```
#include <avr/io.h>
#include <util/delay.h>
#include <avr/interrupt.h>
#define INT8U   unsigned char
#define INT16U  unsigned int
#define SPK() (PORTA ^= _BV(PA2))   //蜂鸣器
void Alarm(INT8U t)
```

```
{
    INT8U i;
    for(i = 0; i<200; i++)
    {
     SPK();
     _delay_us(t);                        //由参数控制形成不同的频率输出
    }
}
int main()
{
    DDRA|=_BV(2);
    DDRD&=~_BV(2);
    PORTD|=_BV(2);
    cli();                               //关闭全局中断
    GICR|=0x40;                          //配置使能中断 0
    MCUCR|=0x03;                         //配置中断 0 上升沿触发
    GIFR|=_BV(6);                        //清除中断 0 中断标志
    sei();                               //打开全局中断
    while(1);
}
ISR(INT0_vect)
{
    INT8U i;
    for(i = 0; i<5; i++)                 //设定报警次数
    {
        Alarm(3);
        Alarm(50);
    }
}
```

五、项目实施

1. 根据元器件清单选择合适的元器件。
2. 根据硬件设计原理图，在万能电路板进行元器件布局，并进行焊接工作。
3. 焊接完成后，重复进行线路检查，防止短路、虚接现象。
4. 在 AVR Studio 软件中创建项目，输入源代码并生成*.hex 文件。
5. 在确认硬件电路正确的前提下，通过 JTAG 仿真器进行程序的下载与硬件在线调试。

任务三　加减计数器设计

一、任务要求

设计一个加减计数器，利用 ATmega16 单片机的两个外部中断源，分别实现加减功能。触发外部中断 1 时，数码管显示的数据加 1；触发外部中断 2 时，数码管显示的数据减 1。

二、硬件设计

加减计数器硬件原理图如图 7-6 所示。这里省略了 ATmega16 单片机外部应接的电源电路等部分外围电路，显示部分原理图和之前的串行显示一致，两个按键分别接到外部中断 1 和外部中断 2 对应的引脚 PD3 和 PB2 上，在复位端有手动复位按键。

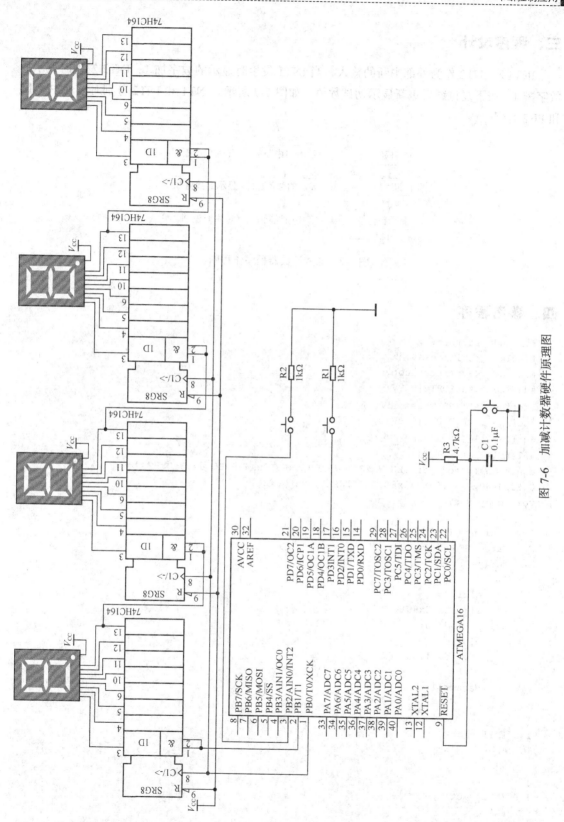

图 7-6 加减计数器硬件原理图

三、程序设计

INT1 和 INT2 作为外部中断的输入，当 INT1 发生时显示的数字加 1，INT2 发生时显示的数字减 1。按下复位键后重新显示初试数值，如图 7-7 所示。INT1 和 INT2 分别对应 PD3 管脚和 PB2 管脚。

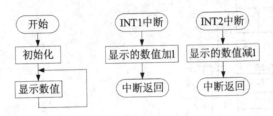

图 7-7 加减计数器程序流程图

四、参考程序

```c
#include <avr/io.h>
#include <util/delay.h>
#include <avr/interrupt.h>
#define dath PORTB|=_BV(1)
#define datl PORTB&=~_BV(1)
#define clkh PORTB|=_BV(0)
#define clkl PORTB&=~_BV(0)
volatile int i=1234;
const unsigned char SEG_7 [16]={0xC0,0xF9,0xA4,0xB0,0x99,0x92,0x82,
0xF8,0x80,0x90,0x88,0x83,0xC6,0xA1,0x86,0x8E};
void play(unsigned char no)
{
    unsigned char j,data;
    data= SEG_7 [no];
    for(j=0;j<8;j++)
    {
        clkl;
        if(data&0x80)
            dath;
        else
            datl;
        clkh;
        data<<=1;
    }
}
ISR(INT1_vect)
{
    i++;
}
ISR(INT2_vect)
{
    i--;
}
```

```
int main()
{
    uint8_t a,b,c,d;
    DDRB|=0x03;
    PORTB|=0x04;
    DDRD&=0xf7;
    PORTD|=0x08;
    cli();
    GICR|=0xa0;
    MCUCR|=0x08;
    MCUCSR|=0x40;
    GIFR|=_BV(5);
    sei();

    while(1)
    {
            a=i%10;
            b=i%100/10;
            c=i/100%10;
            d=i/1000;
            play(a);
            play(b);
            play(c);
            play(d);
            delay_ms(300);
    }
}
```

五、项目实施

1. 根据元器件清单选择合适的元器件。
2. 根据硬件设计原理图，在万能电路板进行元器件布局，并进行焊接工作。
3. 焊接完成后，重复进行线路检查，防止短路、虚接现象。
4. 在 AVR Studio 软件中创建项目，输入源代码并生成*.hex 文件。
5. 在确认硬件电路正确的前提下，通过 JTAG 仿真器进行程序的下载与硬件在线调试。

任务四　看门狗报警

一、任务要求

利用 ATmega16 单片机内部的看门狗定时器，设计一个单片机抗干扰应用系统。当霓虹灯显示系统启动时，8 个 LED 等短暂闪烁，正常运行后 8 个 LED 循环点亮，由外部按键触发模拟干扰源（停止"喂狗"，LED 不正常点亮），系统自动重新启动进入正常运行状态。

二、硬件设计

看门狗复位硬件电路图如图 7-8 所示。

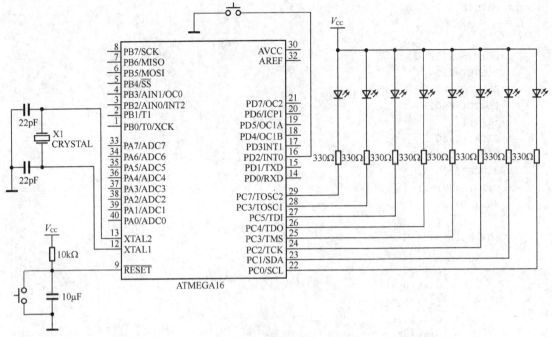

图 7-8　看门狗复位硬件电路图

三、程序设计

WinAVR 中自带了看门狗操作函数，利用这些函数可以很轻松地对 AVR 单片机内部的看门狗进行控制。

如果要使用 WinAVR 中自带的看门狗操作函数，首先要在程序中包含看门狗操作函数的头文件，使用如下语句即可。

```
#include <avr/wdt.h>
```

下面我们来了解一下看门狗操作常量的定义。

（1）复位看门狗定时器。程序允许在使能看门狗定时器后，在溢出时间到达之前，调用该函数将看门狗复位。如果在规定时间内不调用此函数，则会发生看门狗溢出，导致程序复位。

```
#define wdt_reset() _asm_ _volatile_("dwr")
```

（2）使能看门狗定时器，同时设置看门狗溢出时间 timeout。

```
#define wdt_enable(timeout) _wdt_write((timeout) | _BV(WDE))
```

（3）关闭看门狗定时器。

```
 #define wdt_disable() _wdt_write(0)
```

（4）定义看门狗定时器溢出时间。

```
#define  WDTO_15MS   0
#define  WDTO_30MS   1
#define  WDTO_60MS   2
#define  WDTO_120MS  3
```

```
#define  WDTO_250MS   4
#define  WDTO_500MS   5
#define  WDTO_1S      6
#define  WDTO_2S      7
```

在本项目中，调用"wdt.h"头文件中的函数 wdt_enable()、wdt_reset()来对看门狗定时器进行使能和喂狗操作，看门狗定时器溢出时间设置为 500ms。在主函数中实现简单的流水灯功能。通过按键触发外部中断 0，进入中断后做 1s 延时，这时看门狗定时器溢出，使程序指针复位，从第 1 个 LED 开始重新依次点亮。看门狗流程图如图 7-9 所示。

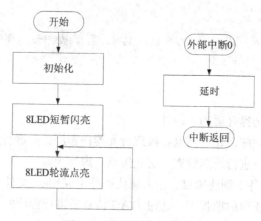

图 7-9　看门狗程序流程图

四、参考程序

```
#include <avr/io.h>            //i/o端口寄存器配置文件，必须包含
#include <util/delay.h>
#include <avr/wdt.h>           //WinAVR 自带的 watch dog 函数头文件
#include <avr/interrupt.h>     //中断头文件
int main(void)                 //GCC 中 main 文件必须为返回整型值的函数，没有参数
{
    int i;
    wdt_enable(WDTO_500MS);    //启动看门狗，定时时间 500ms

    PORTC = 0xFF;              //熄灭所有 LED
    DDRC = 0xFF;              //端口 PORTB 设为输出口，通过 LED 的变化指示看门狗的复位
    _delay_ms(100);           //延时
    DDRD&=~_BV(2);
    PORTD|=_BV(2);
    cli();                    //关闭全局中断
    GICR|=0x40;               //配置使能中断 0
    MCUCR|=0x02;              //配置中断 0 下降沿触发
    GIFR|=_BV(6);             //清除中断 0 中断标志
    sei();                    //打开全局中断
    PORTC=0x00;
    _delay_ms(100);           //短暂点亮
    PORTC=0xFF;
    while(1)
```

```
    {
        for(i=0;i<8;i++)          //依次点亮 PA0～PA7
        {
            PORTC=~(1<<i);        //PA 口的第 i 位为低电平，点亮第 i 位
            _delay_ms(300);
            wdt_reset();          //喂狗，让程序正常运行，即 LED 一直点亮
        }
    }

}
ISR(INT0_vect)
{
    _delay_ms(1000);              //1000ms 延时，看门狗被饿死，程序重启
}
```

五、项目实施

1. 根据元器件清单选择合适的元器件。
2. 根据硬件设计原理图，在万能电路板进行元器件布局，并进行焊接工作。
3. 焊接完成后，重复进行线路检查，防止短路、虚接现象。
4. 在 AVR Studio 软件中创建项目，输入源代码并生成*.hex 文件。
5. 在确认硬件电路正确的前提下，通过 JTAG 仿真器进行程序的下载与硬件在线调试。

项目八

定时/计数器应用

【知识目标】

了解单片机的定时/计数器的原理

了解 ATmega16 单片机的定时/计数器的结构、类型及其功能

了解与定时/计数器有关的寄存器的功能

【能力目标】

掌握与定时/计数器有关的寄存器的设置方法

掌握定时/计数器中断服务子程序的结构及基本的编程方法

掌握定时/计数器应用系统的程序编写、调试方法

任务一 项目知识点学习

一、什么是定时/计数器

在单片机内部，一般都会有专门的硬件电路构成可编程的定时/计数器。定时/计数器最基本的功能就是对脉冲信号进行自动计数，也就是说计数的过程由硬件完成，不需要 CPU 的干预。但是 CPU 可以通过指令设置定时/计数器的工作方式，以及根据定时/计数器的计数值或工作状态做必要的处理和响应。

定时/计数器有关的概念如下。

① 定时/计数器长度：计数单元的长度，ATmega16 单片机内配置了 2 个 8 位定时/计数器，计数范围是 $0\sim2^8-1$（$0\sim255$）和 1 个 16 位的定时/计数器。计数范围是 $0\sim2^{16}-1$（$0\sim65535$）。

② 脉冲信号源：可以是单片机内部提供的信号源，也可以是外部的信号源，通过对信号源进行分频设置，即可获得不同的计数频率。

③ 计数器类型：可以是加 1、减 1 计数器，单向、双向计数器。

④ 计数器初值、溢出值：计数器初值就是计数器从什么值开始计数，计数器溢出值就是计

数到什么值时发出信号给 CPU 告知数已计到。这两个值均可以通过配置相应的寄存器来设置。

二、定时器工作及使用

在前面的软件延时程序编写中，是由单片机 CPU 对执行的指令数计数来实现计时的。这种计时方法会使单片机 CPU 在延时过程中无法处理其他任务，不利于过程控制。为此，需要一个专门处理时间的模块，也就是前文介绍的定时/计数器来执行数数工作，它可以在程序执行过程中同时工作，从而节省了宝贵的 CPU 资源。设置好定时时间后，单片机就可以执行其他任务了，当定时时间到时，定时器就通过中断来告知单片机，单片机在接收到定时中断信号后，就知道定时时间到了。这也就是说，定时器通过定时中断来让 CPU 获知时间。下面介绍单片机定时器的使用方法。

1. 调整计数初值的方法

以 8 位的定时/计数器为例，其长度是一个字节，最大只能数到 255。数到最大值后，计数器的值会自动循环回 "0" 并重新开始计数，这个过程通常被称为 "溢出"，该溢出信号可用来产生中断，通知单片机时间到。比如，分频后的时钟脉冲周期为 $1\mu s$，计时器的值就会循环一圈，单片机每 $256\mu s$ 就会收到一个定时中断信号。如果定时器只能按照这种方式工作，它只能产生某一个固定的定时间隔，使用不灵活。而在不同的实践运用中，需要不同的定时间隔，如何才能灵活控制定时间隔呢？首先来看看调整计数初值的方法。

为了讨论的简化，假设计数器从 0 开始，以 10 作为一个循环，当数值达到 9 后，如果继续计数，它的值将会返回 0，如图 8-1 所示。现在用该计数器对脉冲周期 1ms 的信号计数，如果我们想计时 8ms，显然，应该设置计数器数 8 次后就 "溢出"，以产生定时中断信号。为此，我们让计数器从 2 开始计数，这样 8 个脉冲后，计数器溢出，得到一个 8ms 的定时信号。需要注意的是，溢出后计数器的值将归于 0，这将使得下一次溢出需要 10ms，如果需要每次都定时 8ms的话，就需要每次溢出后，将计数器的初始值设置为 2，保证每计数 8 次溢出一次，如图 8-1 所示。

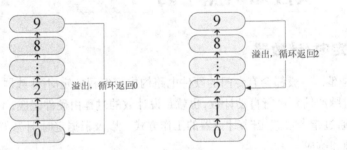

图 8-1　设定计数初值调整定时时间

这种方法通过调整计数个数达到了调整计时长度的目的，需要在每次计数溢出后，重新设置一下计数器的初值。

因为单片机的定时器通常是对时钟信号进行计数，但时钟信号的频率非常之高（典型值在 1MHz 以上），为了增大定时的时间，我们还常对时钟信号进行分频。如果单片机的时钟信号为 F_{osc}，分频系数设置为 N（8、64、256 等分频），计数器最大计数值记为 Max，很容易可以得出为了定时 Δt，计数初值 Start 可由下式确定：

$$Start = (Max + 1) - \Delta t \times \frac{F_{osc}}{N}$$

例如，已知单片机的时钟频率 F_{osc}=8MHz，分频系数为 64，计数器最大计数值为 255，试确定定时 2ms 的计数初值。

解：$Start = 255 + 1 - 2 \times 10^{-3} \times \dfrac{8 \times 10^6}{64} = 6$

为了得到 2ms 的定时间隔，计数初值为 6。

2. 比较匹配法

采用调整初值来实现定时间隔调节，需要在每次计数器溢出时重新设置计数初值，这个任务通常是在定时中断服务函数中软件实现的，这种方法会造成一定程度的定时不准确，因为它丢失了从溢出到重新设置初值中间这段时间。为了解决这个问题，ATmega16 单片机引入比较匹配法，可以很容易实现多个定时间隔。

比较匹配法，在原定时器硬件基础上再增加一个或多个比较器，定时器在对时钟脉冲计数的过程中，硬件在每记一个脉冲后就将计数值与比较器中预先设定值进行比较，如果两者的值相同，就触发特定的中断来通知单片机，同时再由硬件将定时器清零。改变比较器中的预置值即可改变定时间隔。

仍然假定计数器以 10 作为一个循环，时钟脉冲的周期为 1ms，采用比较匹配法来实现定时 5ms。定时 5ms 需要计数 5 次，为此将比较器的值设定为 4，这样从 0 数到 4 刚好 5 次。比较匹配时，将计数器清零，又开始下一次计数循环。这个过程可用图 8-2 描述。

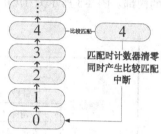

图 8-2　比较匹配示意图

综上，可以推出比较匹配器预置值的计算方法。若单片机的始终频率为 F_{osc}，分频器设置为 N，为了定时 Δt，比较匹配器的预置值 OCR 由下式给出。

$$OCR = \frac{\Delta t \times F_{osc}}{N} - 1$$

例如，已知单片机的时钟频率 F_{osc}=8MHz，分频系数为 64，计数器最大计数值为 255，试确定定时 2ms 的比较匹配器的预置值。

解：$OCR = \dfrac{2 \times 10^{-3} \times 8 \times 10^6}{64} - 1 = 124$

为了得到 2ms 的定时间隔，比较匹配器的预置值 OCR 为 124。

三、8 位定时/计数器 T/C0

1. 定时/计数器 T/C0 的特点

T/C0 是一个通用单通道 8 位定时/计数器，其主要特点如下。

① 单通道计数器。

② 比较匹配时清零定时器（自动重载）。

③ 无干扰脉冲，相位正确的脉宽调制器（PWM）。

④ 频率发生器。

⑤ 10 位时钟预分频器。

⑥ 溢出与比较匹配中断源（TOV0 与 OCF0）。

⑦ 允许使用外部的 32kHz 晶振作为独立的 I/O 时钟源。

2．8 位定时/计数器 T/C0 的结构

T/C0 是一个通用的 8 位定时/计数器，既可以使用系统内部时钟作为计数源，也可以使用外部时钟作为计数源，图 8-3 所示为 T/C0 的硬件结构框图，在图中给出了 MCU 可以操作的寄存器及相关的标志位。在 T/C0 中，有两个 8 位寄存器——计数寄存器 TCNT0 和输出比较寄存器 OCR0。其他相关的寄存器还有 T/C0 的控制寄存器 TCCR0、中断标志寄存器 TIFR 和 T/C 中断屏蔽寄存器 TIMSK。

T/C0 的计数器事件输出信号有两个，计数器计数溢出 TOV0 和比较匹配相等 OCF0。这两个事件的输出信号都可以申请中断，中断请求信号 TOV0、OCF0 可以在定时器中断标志寄存器 TIFR 中找到，同时在定时器中断屏蔽寄存器 TIMSK 中，可以找到与 TOV0、OCF0 对应的两个相互独立的中断屏蔽控制位 TOIE0、OCIE0。

（1）T/C0 的时钟源。T/C0 的计数时钟源可由来自外部引脚 T0 的信号提供，也可来自芯片的内部。图 8-3 所示为 T/C0 时钟源部分的内部功能图。

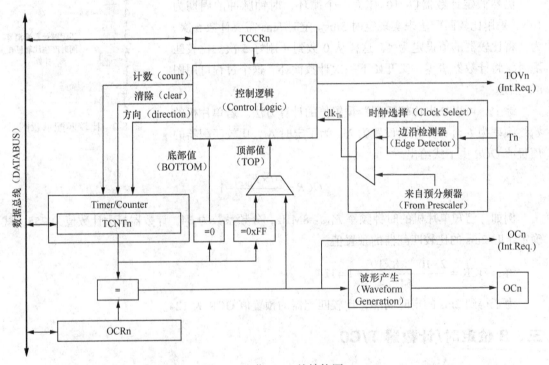

图 8-3　8 位 T/C0 的结构图

① T/C0 时钟源的选择。T/C0 时钟源的选择由 T/C0 的控制寄存器 TCCR0 中的 3 个标志位 CS0[2:0]确定，共有 8 种选择。其中包括无时钟源（停止计数），外部引脚 T0 的上升沿或下降沿，以及内部系统时钟经过一个 10 位预定比例分频器分频的 5 种频率的时钟信号（1/1、1/8、1/64、1/256、1/1024）。T/C0 与 T/C1 共享一个预定比例分频器，但它们时钟源的选择是独立的。

② 使用系统内部时钟源。T/C0 使用系统内部时钟作为计数源时，通常用作定时器，因为系统的时钟频率是已知的，所以通过计数器的计数值就可以知道时间值。

AVR 在定时计数器和内部系统时钟之间增加了一个预定比例分频器，分频器对系统时钟信号进行不同比例的分频，分频后的时钟信号提供给定时计数器使用。利用预定比例分频器，定时计数器可以从内部系统时钟获得几种不同频率的计数脉冲信号，使用非常灵活。分频器的硬件结构框图如图 8-4 所示，T/C0 与 T/C1 共享一个预定比例分频器，但它们时钟源的选择是独立的。

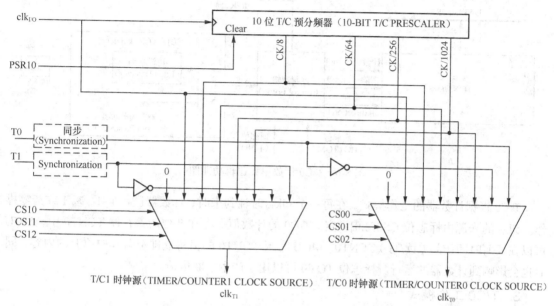

图 8-4　T/C0 的时钟源与 10 位预定比例分频器

③ 使用外部时钟源。当 T/C0 使用外部时钟作为计数源时，通常作为计数器使用，用于记录外部脉冲的个数。图 8-5 所示为外部时钟源的检测采样逻辑功能图。

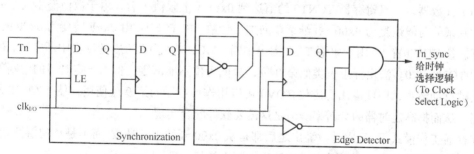

图 8-5　T/C0 外部时钟检测采样逻辑功能图

外部引脚 T0（PB0）上的脉冲信号可以作为 T/C0 的计数时钟源。PB0 引脚内部有一个同步采样电路（Synchronization），它在每个系统时钟周期都对 T0 引脚上的电平进行同步采样，然后将同步采样信号送到边沿检测器（Edge Detector）中。同步采样电路在系统时钟的上升沿将引脚信号电平打入寄存器，当检测到一个正跳变或负跳变时产生一个计数脉冲 CLKT0。

（2）T/C0 的计数单元。T/C0 的计数单元是一个可编程的 8 位双向计数器，图 8-6 为它的逻辑功能图，图中符号所代表的意义如下。

计数（count）——TCNT0 加 1 或减 1。

方向（direction）——加或减的控制。

清除（clear）——清零 TCNT0。

计数时钟（clk_{T0}）——T/C0 时钟源。

顶部值（TOP）——表示 TCNT0 计数值到达上边界。

底部值（BOTTOM）——表示 TCNT0 计数值到达下边界（零）。

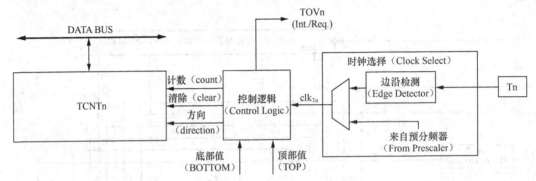

图 8-6　T/C0 计数单元逻辑功能图

T/C0 根据计数器的工作模式，在每一个 clk_{T0} 时钟到来时，计数器进行加 1、减 1 或清零操作。clk_{T0} 的来源由标志位 CS0[2:0] 设定。T/C0 的计数值保存在 8 位的寄存器 TCNT0 中，MCU 可以在任何时间访问（读/写）TCNT0。MCU 写入 TCNT0 的值将立即覆盖其中原有的内容，同时也会影响到计数器的运行。标志位 TOV0 可以用于产生中断申请。

3. T/C0 工作模式

ATmega16 的 T/C0 有 4 种工作模式，分别是普通模式、CTC（比较匹配时清零）模式、快速 PWM 模式和相位修正 PWM 模式。

（1）普通模式（WGM0[1:0]=0）。普通模式为最简单的工作模式。在此模式下，计数器为单向加 1 计数器，一旦寄存器 TCNT0 的值达到 0xFF（上限值）后，由于数值溢出在下一个计数脉冲到来的时候恢复为 0x00，并继续单向加 1 计数。在 TCNT0 由 0xFF 转变为 0x00 的同时，溢出标志位 TOV0 置 1，用于申请 T/C0 溢出中断。MCU 响应了 T/C0 的溢出中断之后，硬件将自动把 TOV0 清 0。溢出标志位类似第 9 位，只能置位不能清零，但由于定时器的中断得到响应时会被自动清零，因此溢出标志位 TOV0 可以用作计数器的第 9 位使用，使 T/C0 成为 9 位计数器，从而提高定时器的分辨率。但是这需要软件配合实现。

在普通工作模式下，每次计数溢出之后都是从 0x00 开始重新计数，而不是从初值开始计数，如要从初值开始计数需要在计数溢出之后重新写入初值。

（2）比较匹配清零计数器 CTC 模式（WGM2[1:0]=2）。T/C0 工作在 CTC 模式下时，计数器为单向加 1 计数器，在 CTC 模式下具有一个比较寄存器 OCR，用于调节计数器的分辨率。当寄存器 TCNT0 的值与 OCR0 的设定值相等（此时 OCR0 的值为计数上限值），就将 TCNT0 清 0，然后继续向上加 1 计数。在 TCNT0 与 OCR0 匹配的同时，置比较匹配标志位 OCF0 为"1"。标志位 OCF0 可用于申请中断，一旦 MCU 响应比较匹配中断，用户在中断服务程序中修改 OCR0 的值。图 8-7 所示为 CTC 模式的计数时序图。

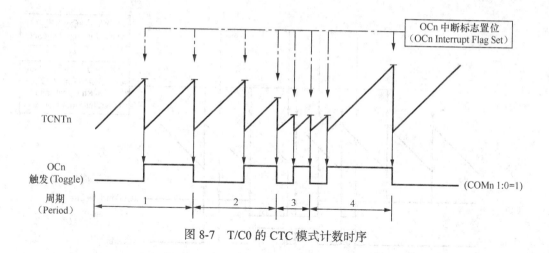

图 8-7　T/C0 的 CTC 模式计数时序

CTC 模式通常用来得到波形输出，可以设置成在每次比较匹配发生时改变单片机对应引脚的逻辑电平来实现。通过设置 OCR0 的值，可以方便地控制比较匹配输出的频率，也简化了外部事件计数操作。

在 CTC 模式下利用比较匹配输出单元产生波形输出时，应设置 OC0 的输出方式为触发方式（COM0[1:0]=1）。波形输出引脚 OC0（PB3）输出波形的最高频率为 $f_{OC0}=f_{clk\_I/O}/2$（OCR0=0x00）。其他的频率输出由下式确定，式中 N 的取值为 1、8、64、256 或 1024。

$$f_{OC0} = \frac{f_{clk\_I/O}}{2N(1+OCR0)}$$

与普通模式相同的是，当 TCNT0 计数值由 0xFF 转到 0x00 时，标志位 TOV0 也会置位。当 OC0 的输出方式为触发方式时（COM0[1:0]=1），T/C0 将产生占空比为 50%的方波。当设置 OCR0=0x00 时，T/C0 将产生占空比为 50%的最高频率方波，最高频率为 $f_{OC0}=f_{clk\_I/O}/2$。

（3）快速 PWM 模式（WGM0[1:0]=3）。T/C0 工作在快速 PWM 模式下时，可以产生高频的 PWM 波形。当 T/C0 工作在此模式下时，计数器为单程向上加 1 计数器，从最小值 BOTTOM（0x00）一直加到 MAX（0xFF），然后立即回到 BOTTOM 重新开始。在计数的过程中涉及比较匹配，即计数器中的数据与比较寄存器 OCR 中的值比较。这样，就可以形成 PWM 波形输出，波形输出引脚 OC0（PB3）可以在计数器与 OCR 匹配时清 0，在 BOTTOM 时置位，也可以正好相反。通过 OCR0 可以方便地控制调整占空比。此高频特性使得快速 PWM 模式十分适合于功率调节、整流和 DAC 应用。T/C0 工作于快速 PWM 模式的工作时序如图 8-8 所示。

T/C0 工作于快速 PWM 模式时，计数器的值一直增加到 MAX，然后在紧接着的时钟周期清零。计数器值达到 MAX 时，T/C0 溢出标志位置位。如果中断使能，可以在中断服务程序中更新比较值。

OC0 输出的 PWM 波形的频率可以通过如下公式计算：

$$f_{OC0\,PWM} = \frac{f_{clk\_I/O}}{256N}$$

这里变量 N 代表分频因子（1、8、64、256 或 1024）。

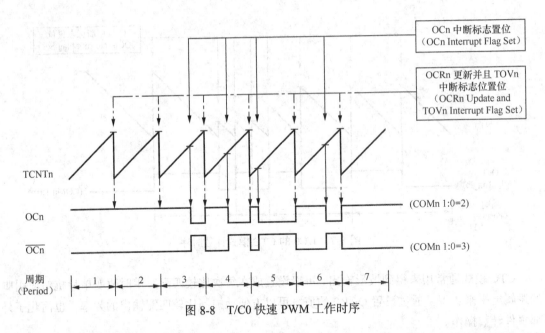

图 8-8　T/C0 快速 PWM 工作时序

快速 PWM 模式适合于要求输出 PWM 频率较高，但频率固定，占空比调节精度要求不高的应用场合。通过设置寄存器 OCR0 的值，可以获得不同占空比的脉冲波形。OCR0 的一些特殊值会产生极端的 PWM 波形。当 OCR0 的设置值为 0x00 时，会产生周期为 MAX+1 的窄脉冲序列。而设置 OCR0 的值为 0xFF 时，OC0 的输出为恒定的高（低）电平。

当 OC0 的输出方式为触发方式时（COM0[1:0]=1），T/C0 将产生占空比为 50% 的 PWM 波形。此时设置 OCR0 的值为 0x00 时，T/C0 将产生占空比为 50% 的最高频率 PWM 波形，频率为 $f_{OC0}=f_{clk\_I/O}/2$。这种特性类似与 CTC 模式下的 OC0 取反操作，不同之处在于快速 PWM 模式具有双缓冲。

（4）相位修正 PWM 模式（WGM0[1:0]=1）。相位可调 PWM 模式可以产生高精度相位可调的 PWM 波形。此模式基于双斜坡操作，计数器为双程计数器，重复地从 BOTTOM（0x00）计到 MAX（0xFF），在下一个计数脉冲到达时，改变计数方向，从 MAX 倒退到 BOTTOM，如图 8-9 所示。此模式也需要比较寄存器 OCR0 配合，波形输出是在计数器往 MAX 计数时，若发生了计数器与 OCR0 的匹配,MCU 将对应的波形输出引脚清零为低电平;而在计数器往 BOTTOM 计数时，若发生计数器与 OCR0 的匹配，波形输出引脚将置高电平，当然也可以正好相反。

与快速 PWM 模式的单斜坡（加法器）相比，相位修正 PWM 模式的双斜坡操作（加法器 + 减法器）可获得的最大频率要小，但是由于其对称性，相位可调的特性（即 OC0 的逻辑电平改变不是固定在 TCNT0=0x00 处），非常适合于电机控制一类的应用。

相位修正的 PWM 模式下，计数器不断累加直到 TOP，然后开始减计数。当计数器达到 BOTTOM 时，T/C0 溢出标志位 TOV0 置位，此标志位可用来申请中断，修改 OCR0 值等。工作于相位修正模式时 PWM 频率可以由下面公式获得：

$$f_{OC0\ PCPPWM} = \frac{f_{osc}}{N \times 510}$$

这里变量 N 代表分频因子（1、8、64、256 或 1024）。

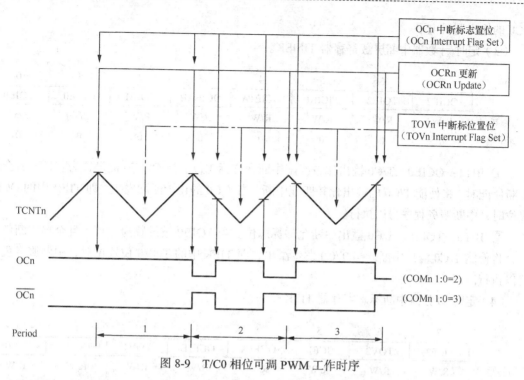

图 8-9　T/C0 相位可调 PWM 工作时序

通过设置寄存器 OCR0 的值，可以获得不同占空比的脉冲波形。OCR0 的一些特殊值会产生极端的 PWM 波形。当 COM0[1:0]=2 且 OCR0 的值为 0xFF 时，OC0 的输出为恒定的高电平；而 OCR0 的值为 0x00 时，OC0 的输出为恒定的低电平。

4. T/C0 相关寄存器

（1）T/C0 计数寄存器 TCNT0。

位	7	6	5	4	3	2	1	0
				TCNT0[7:0]				
读/写	R/W	R/W	R/W	R/W	R/W	R/W	R/W	R/W
复位值	0	0	0	0	0	0	0	0

TCNT0 是 T/C0 的计数值寄存器，可以直接被 MCU 读/写访问。写 TCNT0 寄存器将在下一个定时器时钟周期中阻碍比较匹配。因此，在计数器运行期间修改 TCNT0 的内容，有可能将丢失一次 TCNT0 与 OCR0 的匹配比较操作。

（2）输出比较匹配寄存器 OCR0。

位	7	6	5	4	3	2	1	0
				OCR0[7:0]				
读/写	R/W	R/W	R/W	R/W	R/W	R/W	R/W	R/W
复位值	0	0	0	0	0	0	0	0

8 位寄存器 OCR0 中的数据用于同 TCNT0 寄存器中的计数值进行匹配比较。在 T/C0 运行期间，比较匹配单元一直将寄存器 TCNT0 的计数值同寄存器 OCR0 的内容进行比较。一旦 TCNT0 的计数值与 OCR0 的数据匹配相等，将产生一个输出比较匹配相等的中断申请，或改变

OC0 的输出逻辑电平。

（3）定时/计数器中断屏蔽寄存器 TIMSK。

位	7	6	5	4	3	2	1	0
	OCIE2	TOIE2	TICIE1	OCIE1A	OCIEAB	TOIE1	OCIE0	TOIE0
读/写	R/W	R/W	R/W	R/W	R/W	R/W	R/W	R/W
复位值	0	0	0	0	0	0	0	0

① BIT1：OCIE0，T/C0 输出比较匹配中断允许标志位。当 OCIE0 被设置为"1"，且全局中断使能时，将使能 T/C0 的输出比较匹配中断。当 T/C0 的比较匹配发生，即 TIFR 中的 OCF0 置位时，中断服务程序得以执行。

② BIT0：TOIE0，T/C0 溢出中断允许标志位。当 TOIE0 被设置为"1"，且全局中断使能时，将使能 T/C0 溢出中断。当 T/C0 发生溢出，即 TIFR 中的 TOV0 位置位时，中断服务程序得以执行。

（4）定时/计数器中断标志寄存器 TIFR。

位	7	6	5	4	3	2	1	0
	OCF2	TOV2	ICF1	OCF1A	OCF1B	TOV1	OCF0	TOV0
读/写	R/W	R/W	R/W	R/W	R/W	R/W	R/W	R/W
复位值	0	0	0	0	0	0	0	0

① BIT1：OCF0，T/C0 比较匹配输出的中断标志位。当 T/C0 输出比较匹配成功，即 TCNT0=OCR0 时，OCF0 位被设置为"1"。此位在中断服务程序里硬件清零，也可以对其写"1"来清零。当全局中断使能，OCIE0（T/C0 比较匹配中断使能）和 OCF0 置位时，中断服务程序得到执行。

② BIT0：TOV0，T/C0 溢出中断标志位。当 T/C0 溢出时，TOV0 置位。执行相应的中断服务程序时此位硬件清零。此外，TOV0 也可以通过写"1"来清零。当全局中断使能，TOIE0（T/C0 溢出中断使能）和 TOV0 置位时，中断服务程序得到执行。在相位修正 PWM 模式中，当 T/C0 计数器的值为 0x00 并改变记数方向时，TOV0 自动置位。

（5）T/C0 控制寄存器 TCCR0。

位	7	6	5	4	3	2	1	0
	FOC0	WGM00	COM01	COM00	WGM01	CS02	CS01	CS00
读/写	W	R/W	R/W	R/W	R/W	R/W	R/W	R/W
复位值	0	0	0	0	0	0	0	0

8 位寄存器 TCCR0 是 T/C0 的控制寄存器，它用于选择计数器的计数源、工作模式和比较输出的方式等。

① BIT7：FOC0，强制输出比较。FOC0 位只在 T/C0 被设置为非 PWM 模式下工作时才有效。但是为了保证与未来器件的兼容性，在使用 PWM 时，写 TCCR0 要对其清零。当将一个逻辑"1"写到 FOC0 位时，会强加在波形发生器上一个比较匹配成功信号，使比较匹配输出引脚 OC0 按照 COM01、COM00 两位的设置输出相应的电平。要注意，FOC0 类似一个锁存信号，真正对强制输出比较起作用的是 COM01、COM00 两位的设置。FOC0 不会引发任何中断，也

不影响计数器 TCNT0 和寄存器 OCR0 的值。读 FOC0 的返回值永远为 0。

② BIT3，BIT6：WGM01 和 WGM00，定时器工作模式控制位。这两位控制 T/C0 的计数和工作方式、计数器上限值及确定波形发生器的工作模式（见表 8-1）。T/C0 支持的工作模式有 4 种，分别是普通模式、比较匹配时定时器清零（CTC）模式和两种脉宽调制（PWM）模式。

表 8-1　　　　　　　　　　　　T/C0 的波形产生模式

模式	WGM01	WGM00	T/C0 的工作模式	TOP	OCR0 更新	TOV0 置位
0	0	0	普通	0xFF	立即	MAX
1	0	1	PWM，相位可调	0xFF	TOP	BOTTOM
2	1	0	CTC	OCR0	立即	MAX
3	1	1	快速 PWM	0xFF	TOP	MAX

③ BIT5，BIT4：COM01 和 COM00，比较匹配输出方式位。这两位用于控制比较输出引脚 OC0 的输出方式。如果 COM01 和 COM00 中的任意一位置位，OC0 以比较匹配输出的方式进行工作，OC0 替代 PB3 引脚的通用 I/O 端口功能。同时 PB3 的方向控制位 DDRB3 要设置为 "1" 以使能输出驱动器。当引脚 PB3 作为 OC0 输出引脚时，其输出方式取决于 COM01、COM00 和 WGM01、WGM00 的设定，见表 8-2～表 8-4。

表 8-2　　　普通模式和非 PWM 模式（WGM＝0、2）下的 COM01 和 COM00 的定义

COM01	COM00	说　明
0	0	PB3 为通用 I/O 引脚（OC0 与引脚不连接）
0	1	比较匹配时触发 OC0（OC0 为原 OC0 的取反）
1	0	比较匹配时清零 OC0
1	1	比较匹配时置位 OC0

表 8-3　　　　快速 PWM 模式（WGM＝3）下的 COM01 和 COM00 的定义

COM01	COM00	说　明
0	0	PB3 为通用 I/O 引脚（OC0 与引脚不连接）
0	1	保留
1	0	比较匹配时清零 OC0，计数值为 0xFF 时置位 OC0
1	1	比较匹配时置位 OC0，计数值为 0xFF 时清零 OC0

表 8-4　　　相位可调 PWM 模式（WGM＝1）下的 COM01 和 COM00 的定义

COM01	COM00	说　明
0	0	PB3 为通用 I/O 引脚（OC0 与引脚不连接）
0	1	保留
1	0	向上计数过程中比较匹配时清零 OC0；向下计数过程中比较匹配时置位 OC0
1	1	向上计数过程中比较匹配时置位 OC0；向下计数过程中比较匹配时清零 OC0

BIT2，BIT1，BIT0：CS02、CS01 和 CS00，T/C0 的时钟源选择。这 3 个标志位用于选择设定 T/C0 的时钟源，见表 8-5。

表 8-5   T/C0 时钟分频选择

CS02	CS01	CS00	说　明
0	0	0	无时钟源（T/C0 停止）
0	0	1	1/1（不经过分频器）
0	1	0	1/8（来自预分频器）
0	1	1	1/64（来自预分频器）
1	0	0	1/256（来自预分频器）
1	0	1	1/1024（来自预分频器）
1	1	0	外部 T0 引脚，下降沿驱动
1	1	1	外部 T0 引脚，上升沿驱动

（6）特殊功能寄存器 SFIOR。

位	7	6	5	4	3	2	1	0
	ADTS2	ADTS1	ADTS0	—	ACME	PUD	PSR2	PSR10
读/写	R/W	R/W	R/W	R	R/W	R/W	R/W	R/W
复位值	0	0	0	0	0	0	0	0

BIT0：PSR10，T/C1 与 T/C0 预分频器复位。置位时 T/C1 与 T/C0 的预分频器复位。操作完成后这一位由硬件自动清零。写入零时不会引发任何动作。T/C1 与 T/C0 共用同一预分频器，且预分频器复位对两个定时器均有影响。该位总是读为"0"。

四、8 位定时/计数器 T/C2

1. T/C2 相关寄存器

与定时器/计数器 0 相同，定时器 2 也是一个通用单通道 8 位定时/计数器，在结构和功能上二者完全一致，都包括两个中断源，有 4 种工作模式。需要注意的是 T/C2 的溢出和比较匹配中断源名称是"TOV2"与"OCF2"，在计数过程中，相关寄存器名称也略有不同。计数寄存器名称为"TCNT2"，输出比较寄存器名称为"OCR2"，控制寄存器名称为"TCCR2"。除了名称以外，在对以上寄存器的配置方法上，T/C0 和 T/C 完全一致。

和 T/C0 一样，要触发 T/C2 中断时需要预先配置好下面两个寄存器的相应位。

（1）定时/计数器中断屏蔽寄存器 TIMSK。

位	7	6	5	4	3	2	1	0
	OCIE2	TOIE2	TICIE1	OCIE1A	OCIEAB	TOIE1	OCIE0	TOIE0
读/写	R/W	R/W	R/W	R/W	R/W	R/W	R/W	R/W
复位值	0	0	0	0	0	0	0	0

① BIT7：OCIE2，T/C2 输出比较匹配中断允许标志位。当 OCIE2 被设置为"1"，且全局中断使能时，将使能 T/C2 的输出比较匹配中断。当 T/C2 的比较匹配发生，即 TIFR 中的 OCF2 置位时，中断服务程序得以执行。

② BIT6：TOIE2，T/C2 溢出中断允许标志位。当 TOIE2 被设置为"1"，且全局中断使能

时，将使能 T/C2 溢出中断。当 T/C2 发生溢出，即 TIFR 中的 TOV2 位置位时，中断服务程序得以执行。

（2）定时/计数器中断标志寄存器 TIFR。

位	7	6	5	4	3	2	1	0
	OCF2	TOV2	ICF1	OCF1A	OCF1B	TOV1	OCF0	TOV0
读/写	R/W	R/W	R/W	R/W	R/W	R/W	R/W	R/W
复位值	0	0	0	0	0	0	0	0

① BIT7：OCF2，T/C2 比较匹配输出的中断标志位。当 T/C2 输出比较匹配成功，即 TCNT2=OCR2 时，OCF2 位被设置为"1"。此位在中断服务程序里硬件清零，也可以对其写"1"来清零。当全局中断使能，OCIE2（T/C0 比较匹配中断使能）和 OCF2 置位时，中断服务程序得到执行。

② BIT6：TOV2，T/C2 溢出中断标志位。当 T/C2 溢出时，TOV2 置位。执行相应的中断服务程序时此位硬件清零。此外，TOV2 也可以通过写"1"来清零。当全局中断使能，TOIE2（T/C2 溢出中断使能）和 TOV2 置位时，中断服务程序得到执行。在相位修正 PWM 模式中，当 T/C2 计数器的值为 0x00 并改变记数方向时，TOV2 自动置位。

（3）异步状态寄存器 ASR。

位	7	6	5	4	3	2	1	0
	—	—	—	—	AS2	TCN2UB	OCR2UB	TCR2UB
读/写	R/W	R/W	R/W	R/W	R/W	R/W	R/W	R/W
复位值	0	0	0	0	0	0	0	0

① BIT3：AS2，异步 T/C2。当 AS2 位为"0"时，T/C2 由系统时钟驱动；AS2 位为"1"时，T/C2 由连接到 TOSC1 引脚的晶体振荡器驱动。改变 AS2 有可能破坏 TCNT2、OCR2 与 TCCR2 的内容。

② BIT2：TCN2UB，T/C2 更新中。T/C2 工作于异步模式时，写 TCNT2 将引起 TCN2UB 位置位。当 TCNT2 从暂存寄存器更新完毕后，TCN2UB 由硬件清零。TCN2UB 位为"0"表示 TCNT2 可以写入新值。

③ BIT1：OCR2UB，输出比较寄存器 2 更新中。T/C2 工作于异步模式时，写 OCR2 将引起 OCR2UB 位置位。当 OCR2 从暂存寄存器更新完毕后，OCR2UB 由硬件清零。OCR2UB 位为"0"表示 OCR2 可以写入新值。

④ BIT0：TCR2UB，T/C2 控制寄存器更新中。T/C2 工作于异步模式时，写 TCCR2 将引起 TCR2UB 置位。当 TCCR2 从暂存寄存器更新完毕后，TCR2UB 由硬件清零。TCR2UB 位为"0"表示 TCCR2 可以写入新值。

2. T/C2 的异步操作

T/C2 工作于异步模式时要考虑如下几点。

（1）在同步和异步模式之间的转换有可能造成 TCNT2、OCR2 和 TCCR2 数据的损毁。安全的步骤如下。

① 清零 OCIE2 和 TOIE2 以关闭 T/C2 的中断。

② 设置 AS2 以选择合适的时钟源。

③ 对 TCNT2、OCR2 和 TCCR2 写入新的数据。

④ 切换到异步模式：等待 TCN2UB、OCR2UB 和 TCR2UB 清零。

⑤ 清除 T/C2 的中断标志。

⑥ 按照需要使能中断。

（2）振荡器最好使用 32.768kHz 手表晶振。给 TOSC1 提供外部时钟，可能会造成 T/C2 工作错误。系统主时钟必须比晶振高 4 倍以上。

（3）写 TCNT2，OCR2 和 TCCR2 时数据首先送入暂存器，两个 TOSC1 时钟正跳变后才锁存到对应的寄存器。在数据从暂存器写入目的寄存器之前不能执行新的数据写入操作。3 个寄存器具有各自独立的暂存器,因此写 TCNT2 并不会干扰 OCR2 的写操作。异步状态寄存器 ASSR 用来检查数据是否已经写入到目的寄存器。

（4）如果要用 T/C2 作为 MCU 省电模式或扩展 Standby 模式的唤醒条件，则在 TCNT2、OCR2A 和 TCCR2A 更新结束之前不能进入这些休眠模式，否则 MCU 可能会在 T/C2 设置生效之前进入休眠模式。这对于用 T/C2 的比较匹配中断唤醒 MCU 尤其重要，因为在更新 OCR2 或 TCNT2 时比较匹配是禁止的。如果在更新完成之前（OCR2UB 为 0）MCU 就进入了休眠模式，那么比较匹配中断永远不会发生，MCU 也永远无法唤醒了。

（5）如果要用 T/C2 作为省电模式或扩展 Standby 模式的唤醒条件，必须注意重新进入这些休眠模式的过程。中断逻辑需要一个 TOSC1 周期进行复位。如果从唤醒到重新进入休眠的时间小于一个 TOSC1 周期，中断将不再发生，器件也无法唤醒。如果用户怀疑自己程序是否满足这一条件，可以采取如下方法。

① 对 TCCR2、TCNT2 或 OCR2 写入合适的数据。

② 等待 ASSR 相应的更新忙标志清零。

③ 进入省电模式或扩展 Standby 模式。

（6）若选择了异步工作模式，T/C2 的 32.768kHz 振荡器将一直工作，除非进入掉电模式或 Standby 模式。用户应该注意，此振荡器的稳定时间可能长达 1 秒钟。因此，建议用户在器件上电复位，或从掉电 Standby 模式唤醒时至少等待 1 秒钟后再使用 T/C2。同时，由于启动过程时钟的不稳定性，唤醒时所有的 T/C2 寄存器的内容都可能不正确，不论使用的是晶体还是外部时钟信号。用户必须重新给这些寄存器赋值。

（7）使用异步时钟时，省电模式或扩展 Standby 模式的唤醒过程：中断条件满足后，在下一个定时器时钟唤醒过程启动。也就是说，在处理器可以读取计数器的数值之前计数器至少又累加了一个时钟。唤醒后 MCU 停止 4 个时钟，接着执行中断服务程序。中断服务程序结束之后开始执行 SLEEP 语句之后的程序。

（8）从省电模式唤醒之后的短时间内读取 TCNT2 可能返回不正确的数据。因为 TCNT2 是由异步的 TOSC 时钟驱动的,而读取 TCNT2 必须通过一个与内部 I/O 时钟同步的寄存器来完成。同步发生于每个 TOSC1 的上升沿。从省电模式唤醒后 I/O 时钟重新激活，而读到的 TCNT2 数值为进入休眠模式前的值，直到下一个 TOSC1 上升沿的到来。从省电模式唤醒时 TOSC1 的相位是完全不可预测的，而且与唤醒时间有关。因此，读取 TCNT2 的推荐序列如下。

① 写一个任意数值到 OCR2 或 TCCR2。

② 等待相应的更新忙标志清零。

③ 读 TCNT2。

（9）在异步模式下，中断标志的同步需要 3 个处理器周期加一个定时器周期。在处理器可以读取引起中断标志置位的计数器数值之前，计数器至少又累加了一个时钟。输出比较引脚的变化与定时器时钟同步，而不是处理器时钟。

五、16 位定时/计数器 T/C1

1. 定时/计数器 1 特点

ATmega16 的 T/C1 是一个 16 位的多功能定时计数器，它的计数宽度、计时长度大大增加，配合一个独立的 10 位比例预分频器，在系统晶振为 4MHz 的条件下，最高计时精度为 $0.25\mu s$，而最长的时宽可达到 16.777216s，这是其他 8 位单片机做不到的。T/C1 可以实现精确的程序定时（事件管理）、波形产生和信号测量。其主要特点如下。

① 两个独立的输出比较匹配单元。

② 双缓冲输出比较寄存器。

③ 一个输入捕捉单元，输入捕捉躁声抑制。

④ 比较匹配时清零计数器（自动重装特性，Auto Reload）。

⑤ 可产生无输出抖动（glitch-free）相位可调的脉宽调制（PWM）信号输出。

⑥ 周期可调的 PWM 波形输出。

⑦ 带 10 位的时钟预分频器。

⑧ 4 个独立的中断源（TOV1、OCF1A、OCF1B、ICF1）。

2. 16 位定时/计数器 T/C1 的结构

图 8-10 所示为 16 位定时/计数器 T/C1 的结构框图。图中给出了 MCU 可以操作的寄存器以及相关的标志位，其中，计数器寄存器 TCNT1、输出比较寄存器 OCR1A、OCR1B 和输入捕捉寄存器 ICR1 都是 16 位的寄存器。T/C1 所有的中断请求信号 TOV1、OC1A、OC1B、ICF1 可以在定时计数器中断标志寄存器 TIFR 找到，而在定时器中断屏蔽寄存器 TIMSK 中，可以找到与它们对应的 4 个相互独立的中断屏蔽控制位 TOIE1、OCIE1A、OCIE1B 和 TICIE1。TCCR1A、TCCR1B 为 2 个 8 位寄存器，是 T/C1 的控制寄存器。

T/C1 的时钟源的选择由 T/C1 的控制寄存器 TCCR1B 中的 3 个标志位 CS1[2:0]确定，共有 8 种选择。其中包括无时钟源（停止计数），外部引脚 T1 的上升沿或下降沿，以及内部系统时钟经过一个 10 位预定比例分频器分频的 5 种频率的时钟信号（1/1、1/8、1/64、1/256、1/1024）。T/C1 基本的工作原理和功能与 8 位定时计数器相同，常规的使用方法也是类似的。但与 8 位的 T/C0、T/C2 相比，T/C1 不仅位数增加到 16 位，其功能也更加强大。

（1）T/C1 计数单元。T/C1 的计数单元是一个可编程的 16 位双向计数器，图 8-11 为它的逻辑功能图，图中符号所代表的意义如下。

计数（count）——TCNT1 加 1 或减 1。

方向（direction）——加或减的控制。

清除（clear）——清零 TCNT0。

计数时钟（clk_{T1}）——T/C1 时钟源。

顶部值（TOP）——表示 TCNT2 计数值到达上边界。

底部值（BOTTOM）——表示 TCNT2 计数值到达下边界（零）。

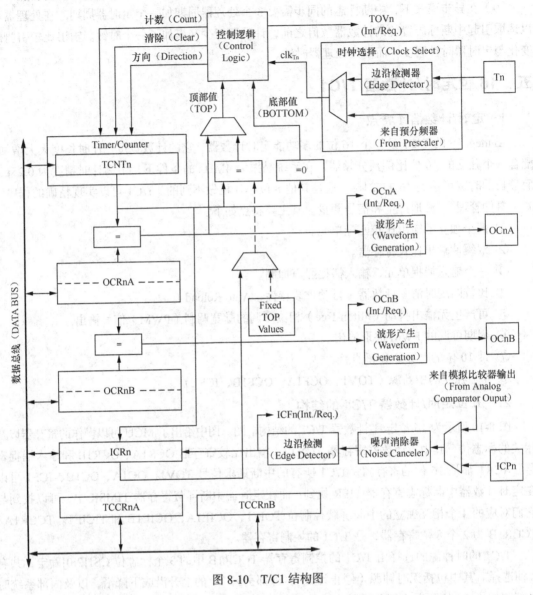

图 8-10 T/C1 结构图

16 位计数器映射到两个 8 位 I/O 存储器位置：TCNT1H 为高 8 位，TCNT1L 为低 8 位。根据不同的工作模式，计数器针对每一个 clk_{T1} 实现清零、加一或减一操作。clk_{T1} 可以由内部时钟源或外部时钟源产生，具体由时钟选择位 CS12、CS11 和 CS10 确定。没有选择时钟源时（CS1[2:0] = 0）定时器停止。但是不管有没有 clk_{T2}，CPU 都可以访问 TCNT1。CPU 写操作比计数器其他操作（清零、加减操作）的优先级高。

（2）T/C1 的时钟源。T/C1 的计数时钟源可由来自外部引脚 T1 的信号提供，也可来自芯片的内部。图 8-12 所示为 T/C1 时钟源部分的内部功能图。

① T/C1 时钟源的选择。T/C1 时钟源的选择由 T/C1 的控制寄存器 TCCR1B 中的 3 个标志位 CS1[2:0]确定，共有 8 种选择。其中包括无时钟源（停止计数）、外部引脚 T0 的上升沿或下降沿，以及内部系统时钟经过一个 10 位预定比例分频器分频的 5 种频率的时钟信号（1/1、1/8、

1/64、1/256、1/1024）。T/C0 与 T/C1 共享一个预定比例分频器，但它们时钟源的选择是独立的。

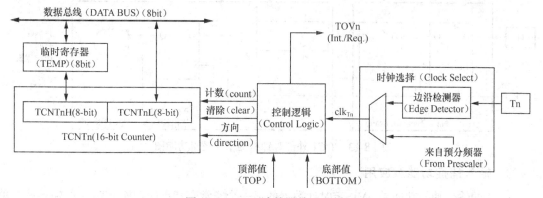

图 8-11　T/C1 计数器单元方框图

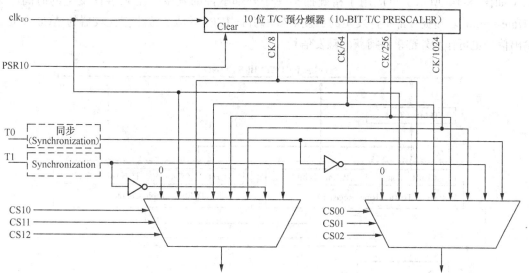

图 8-12　T/C1 的时钟源与 10 位预定比例分频器

② 使用系统内部时钟源。T/C1 使用系统内部时钟作为计数源时，通常是用作定时器，因为系统的时钟频率是已知的，所以通过计数器的计数值就可以知道时间值。

AVR 在定时计数器和内部系统时钟之间增加了一个预定比例分频器，分频器对系统时钟信号进行不同比例的分频，分频后的时钟信号提供定时计数器使用。利用预定比例分频器，定时计数器可以从内部系统时钟获得几种不同频率的计数脉冲信号，使用非常灵活。分频器的硬件结构框图如图 8-12 所示，T/C0 与 T/C1 共享一个预定比例分频器，但它们时钟源的选择是独立的。

③ 使用外部时钟源。当 T/C1 使用外部时钟作为计数源时，通常作为计数器使用，用于记录外部脉冲的个数。图 8-13 所示为外部时钟源的检测采样逻辑功能图。

外部引脚 T1（PB1）上的脉冲信号可以作为 T/C1 的计数时钟源。PB1 引脚内部有一个同步采样电路（Synchronization），它在每个系统时钟周期都对 T1 引脚上的电平进行同步采样，然后将同步采样信号送到边沿检测器（Edge Detector）中。同步采样电路在系统时钟的上升沿将引脚信号电平打入寄存器，当检测到一个正跳变或负跳变时产生一个计数脉冲 CLKT1。

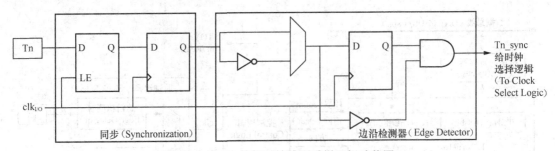

图 8-13　T/C1 外部时钟检测采样逻辑功能图

3. 输入捕捉功能及应用

T/C1 的输入捕捉功能是 AVR 定时计数器的另一个非常有特点的功能。T/C1 的输入捕捉单元（如图 8-14 所示）可应用于精确捕捉一个外部事件的发生，记录事件发生的时间印记（Time-stamp）。捕捉外部事件发生的触发信号由引脚 ICP1 输入，或模拟比较器的 AC0 单元的输出信号也可作为外部事件捕获的触发信号。

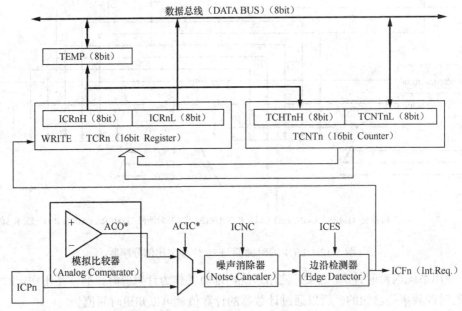

图 8-14　T/C1 的外部事件输入捕捉单元（n 为 1）

当一个输入捕捉事件发生，如外部引脚 ICP1 上的逻辑电平变化时，或者模拟比较器输出电平变化（事件发生）时，T/C1 计数器 TCNT1 中的计数值被写入输入捕捉寄存器 ICR1 中，置位输入捕获标志位 ICF1，并产生中断申请。输入捕捉功能可用于频率和周期的精确测量。

置位标志位 ICNC1 将使能对输入捕捉触发信号的噪声抑制功能。噪声抑制电路是一个数字滤波器，它对输入触发信号进行 4 次采样，当 4 次采样值相等才确认此触发信号。因此使能输入捕捉触发信号的噪声抑制功能可以对输入的触发信号的噪声实现抑制，但确认触发信号比真实的触发信号延时了 4 个系统时钟周期。噪声抑制功能通过寄存器 TCCR1B 中的输入捕捉噪声抑制位（ICNC1）来使能。如果使能了输入噪声抑制功能，捕捉输入信号的变化到 ICR1 寄存器的更新延迟 4 个时钟周期。噪声抑制功能使用的系统时钟与预分频器无关。

　　输入捕捉信号触发方式的选择由寄存器 TCCR1B 中的第 6 位 ICES1 决定。当 ICES1 设置为 "0" 时，输入信号的下降沿将触发输入捕捉动作；当 ICES1 为 "1" 时，输入信号的上升沿将触发输入捕捉动作。一旦一个输入捕捉信号的逻辑电平变化触发了输入捕捉动作时，T/C1 计数器 TCNT1 中的计数值被写入输入捕获寄存器 ICR1 中，并置位输入捕捉标志位 ICF1，申请中断处理。

　　寄存器 ICR1 由两个 8 位寄存器 ICR1H、ICR1L 组成，当 T/C1 工作在输入捕捉模式时，一旦外部引脚 ICP1 或模拟比较器有输入捕捉触发信号产生，计数器 TCNT1 中的计数值写入寄存器 ICR1 中。T/C1 工作在其他模式时，如 PWM 模式，ICR1 的设定值可作为计数器计数上限（TOP）值。此时 ICP1 引脚与计数器脱离，将禁止输入捕获功能。

　　输入捕捉事件发生后产生的中断申请标志 ICF1，以及相应的中断屏蔽控制位 TICIE1 可以在定时计数器中断标志寄存器 TIFR 和定时器中断屏蔽寄存器 TIMSK 中找到。

　　采用输入捕捉功能进行精确周期测量的基本原理比较简单，实际上就是将被测信号作为 ICP1 的输入，被测信号的上升（下降）沿作为输入捕捉的触发信号。T/C1 工作在常规计数器方式，对设定的已知系统时钟脉冲进行计数。在计数器正常工作的过程中，一旦 ICP1 上的输入信号由低变高（假定上升沿触发输入捕捉事件）时，TCNT1 的计数值就被同步复制到了寄存器 ICR1 中。换句话说，当每一次 ICP1 输入信号由低变高时，TCNT1 的计数值都会再次同步复制到 ICR1 中。

　　如果能够及时将两次连续的 ICR1 中的数据记录下来，那么两次 ICR1 的差值乘以已知的计数器计数脉冲的周期，就是输入信号一个周期的时间。由于在整个过程中，计数器的计数工作没有受到任何影响，捕捉事件发生的时间标记也是由硬件自动同步复制到 ICR1 中的，因此所得到的周期值是非常精确的。

4. T/C1 相关寄存器

（1）T/C1 计数寄存器 TCNT1H、TCNT1L。

位	7	6	5	4	3	2	1	0
	TCNT1[15:8]							
	TCNT[7:0]							
读/写	R/W	R/W	R/W	R/W	R/W	R/W	R/W	R/W
复位值	0	0	0	0	0	0	0	0

　　TCNT1H 和 TCNT1L 组成 T/C1 的 16 位计数寄存器 TCNT1，它是向上计数的计数器（加法计数器）或上/下计数的计数器（在 PWM 模式下）。若 T/C1 被置初值，则 T/C1 将在预置初值的基础上计数。

（2）T/C1 输出比较寄存器 OCR1A、OCR1B。

位	7	6	5	4	3	2	1	0
	OCR1A[15:8]							
	OCR1A[7:0]							
读/写	R/W	R/W	R/W	R/W	R/W	R/W	R/W	R/W
复位值	0	0	0	0	0	0	0	0

位	7	6	5	4	3	2	1	0
	OCR1B[15:8]							
	OCR1B[7:0]							
读/写	R/W	R/W	R/W	R/W	R/W	R/W	R/W	R/W
复位值	0	0	0	0	0	0	0	0

OCR1AH 和 OCR1AL（OCR1BH 和 OCR1BL）组成 16 位输出比较寄存器 OCR1A（OCR1B）。该寄存器中的 16 位数据用于同 TCNT1 寄存器中的计数值进行连续的匹配比较。一旦 TCNT1 的计数值与 OCR1A（OCR1B）的数据匹配相等，则比较匹配发生。用软件的写操作将 TCNT1 与 OCR1A、OCR1B 设置为相等，不会引发比较匹配。一旦数据匹配，将产生一个输出比较中断，或改变 OC1A（OC1B）的输出逻辑电平。

（3）T/C1 输入捕捉寄存器 ICR1。

位	7	6	5	4	3	2	1	0
	ICR1[15:8]							
	ICR1 [7:0]							
读/写	R/W	R/W	R/W	R/W	R/W	R/W	R/W	R/W
复位值	0	0	0	0	0	0	0	0

当外部引脚 ICP1（或 T/C1 的模拟比较器）有输入捕捉触发信号产生时，计数器 TCNT1 中的值写入 ICR1 中。按照 ICES1 的设定，外部输入捕获引脚 ICP 发生上跳变或下跳变时，计数器 TCNT1 中的值写入寄存器 ICR1 中，同时输入捕获中断标志 ICF1 将置"1"。ICR1 的设定值可作为计数器的顶端值。

（4）T/C1 控制寄存器 TCCR1A。

位	7	6	5	4	3	2	1	0
	COM1A1	COM1A0	COM1B1	COM1B0	FOC1A	FOC1B	WGM11	WGM10
读/写	R/W	R/W	R/W	R/W	W	W	R/W	R/W
初始值	0	0	0	0	0	0	0	0

① BIT6、BIT7：T/C1 比较匹配 A 输出模式。这两位决定了 T/C1 比较匹配发生时输出引脚 OC1A 的输出行为。

② BIT5、BIT4：T/C1 比较匹配 B 输出模式。这两位决定了 T/C1 比较匹配发生时输出引脚 OC1A 的输出行为。表 8-6 和表 8-7 给出了当 T/C1 设置为普通模式和 CTC 模式（非 PWM 模式）时 COM1A（COM1B）的功能定义。表 8-6 给出 T/C1 设置为快速 PWM 模式时 COM1A（COM1B）的功能定义。表 8-7 给出当 T/C1 设置为相位修正 PWM 模式或相频修正 PWM 模式时 COM1A（COM1B）的功能定义。

表 8-6   非 PWM 模式 COMx1:0 的功能定义

COM1A1/COM1B1	COM1A0/COM1B0	说　明
0	0	普通端口操作，非 OC1A/OC1B 功能
0	1	比较匹配时 OC1A/OC1B 电平取反
1	0	比较匹配时清零 OC1A/OC1B（输出低电平）
1	1	比较匹配时置位 OC1A/OC1B（输出高电平）

表 8-7　　　　　　　　　　　　　　快速 PWM 模式 COMx1:0 的功能定义

COM1A1/COM1B1	COM1A0/COM1B0	说　明
0	0	普通端口操作，非 OC1A/OC1B 功能
0	1	WGM13:10 = 15：比较匹配时 OC1A 取反，OC1B 不占用物理引脚。WGM13:0 为其他值时为普通端口操作，非 OC1A/OC1B 功能
1	0	比较匹配时清零 OC1A/OC1B，OC1A/OC1B 在 TOP 时置位
1	1	比较匹配时置位 OC1A/OC1B，OC1A/OC1B 在 TOP 时清零

③ BIT3：通道 A 强制输出比较 FOC1A。

④ BIT2：通道 B 强制输出比较 FOC1B。

FOC1A/FOC1B 只有当 WGM13:0 指定为非 PWM 模式时被激活。如果 T/C1 工作在 PWM 模式下对 TCCR1A 写入时，这两位必须清零。当 FOC1A/FOC1B 位置 1，立即强制波形产生单元进行比较匹配。

⑤ BIT1、BIT0：波形发生模式 WGM11、WGM10。这两位与位于 TCCR1B 寄存器的 WGM13:12 相结合，用于控制计数器的计数方式——计数器计数的上限值和确定波形发生器的工作模式（见表 8-8）。

表 8-8　　　　　　相应修正 PWM 模式或相频修正 PWMCOMx1:0 的功能定义

COM1A1/COM1B1	COM1A0/COM1B0	说　明
0	0	普通端口操作，非 OC1A/OC1B 功能
0	1	WGM13:10 = 9 或 14：比较匹配时 OC1A 取反，OC1B 不占用物理引脚。WGM13:0 为其他值时为普通端口操作，非 OC1A/OC1B 功能
1	0	升序计数时比较匹配将清零 OC1A/OC1B，降序记数时比较匹配将置位 OC1A/OC1B
1	1	升序计数时比较匹配将置位 OC1A/OC1B，降序记数时比较匹配将清零 OC1A/OC1B

（5）T/C1 控制寄存器 TCCR1B。

位	7	6	5	4	3	2	1	0
	ICNC1	ICES1	—	WGM13	WGM12	CS12	CS11	CS10
读/写	R/W	R/W	R	R/W	W	W	R/W	R/W
初始值	0	0	0	0	0	0	0	0

① BIT7：输入捕获噪声抑制 ICNC1。置位 ICNC1 将使能输入捕捉噪声抑制功能。此时外部引脚 ICP1 的输入被滤波。其作用是从 ICP1 引脚连续进行 4 次采样。如果 4 个采样值都相等，那么信号送入边沿检测器。因此使能该功能使得输入捕捉被延迟了 4 个时钟周期。

② BIT6：输入捕获触发方式选择 ICES1。该位选择使用 ICP1 上的哪个边沿触发捕获事件。ICES 为 "0" 选择的是下降沿触发输入捕捉；ICES1 为 "1" 选择的是逻辑电平的上升沿触发输入捕捉。按照 ICES1 的设置捕获到一个事件后，计数器的数值被复制到 ICR1 寄存器。捕获事件还会置位 ICF1。如果此时中断使能，输入捕捉事件即被触发。

③ BIT5：保留位，改位必须写入 "0"。

④ BIT4、BIT3：波形发生模式 WGM13、WGM12。这两位与位于 TCCR1B 寄存器的 WGM10:10 相结合，用于控制计数器的计数方式，具体配置方法见表 8-9。

表 8-9   T/C1 工作模式配置

模式	WGM13	WGM12	WGM11	WGM10	T/C1 工作模式	计数上限值	OCR1A/OCR1B 更新	TOV1 置位
0	0	0	0	0	一般模式	0xFFFF	立即	0xFFFF
1	0	0	0	1	8 位 PWM，相位可调	0x00FF	TOP	0x0000
2	0	0	1	0	9 位 PWM，相位可调	0x01FF	TOP	0x0000
3	0	0	1	1	10 位 PWM，相位可调	0x03FF	TOP	0x0000
4	0	1	0	0	CTC	OCR1A	立即	0xFFFF
5	0	1	0	1	8 位快速 PWM	0x00FF	TOP	TOP
6	0	1	1	0	9 位快速 PWM	0x01FF	TOP	TOP
7	0	1	1	1	10 位快速 PWM	0x03FF	TOP	TOP
8	1	0	0	0	PWM，相位、频率可调	ICR1	0x0000	0x0000
9	1	0	0	1	PWM，相位、频率可调	OCR1A	0x0000	0x0000
10	1	0	1	0	PWM，相位可调	ICR1	TOP	0x0000
11	1	0	1	1	PWM，相位可调	OCR1A	TOP	0x0000
12	1	1	0	0	CTC	ICR1	立即	0xFFFF
13	1	1	0	1	保留	——	——	——
14	1	1	1	0	快速 PWM	ICR1	TOP	TOP
15	1	1	1	1	快速 PWM	OCR1A	TOP	TOP

⑤ BIT2、BIT1、BIT0：时钟选择 CS2、CS1、CS0，用于选择 T/C1 时钟源，见表 8-10。

表 8-10   T/C1 时钟分频选择

CS02	CS01	CS00	说　明
0	0	0	无时钟源（T/C1 止）
0	0	1	1/1（不经过分频器）
0	1	0	1/8（来自预分频器）
0	1	1	1/64（来自预分频器）
1	0	0	1/256（来自预分频器）
1	0	1	1/1024（来自预分频器）
1	1	0	外部 T0 引脚，下降沿驱动
1	1	1	外部 T0 引脚，上升沿驱动

（6）T/C1 中断屏蔽寄存器 TIMSK。

位	7	6	5	4	3	2	1	0
	OCIE2	TOIE2	TICIE1	OCIE1A	OCIEAB	TOIE1	OCIE0	TOIE0
读/写	R/W	R/W	R/W	R/W	R/W	R/W	R/W	R/W
复位值	0	0	0	0	0	0	0	0

① BIT5：TICIE1、T/C1 输入捕获中断使能。当该位被设为 "1"，且状态寄存器中的 I 位

被设为"1"时，T/C1 的输入捕捉中断使能。一旦 TIFR 的 ICF1 置位，CPU 即开始执行 T/C1 输入捕捉中断服务程序。

② BIT4：OCIE1A，输出比较 A 匹配中断使能。当该位被设为"1"，且状态寄存器中的 I 位被设为"1"时，T/C1 的输出比较 A 匹配中断使能。一旦 TIFR 上的 OCF1A 置位，CPU 即开始执行 T/C1 输出比较 A 匹配中断服务程序。

③ BIT3：OCIE1B，输出比较 B 匹配中断使能。当该位被设为"1"，且状态寄存器中的 I 位被设为"1"时，T/C1 的输出比较 B 匹配中断使能。一旦 TIFR 上的 OCF1B 置位，CPU 即开始执行 T/C1 输出比较 B 匹配中断服务程序。

④ BIT2：TOIE，T/C1 溢出中断使能。当该位被设为"1"，且状态寄存器中的 I 位被设为"1"时，T/C1 的溢出匹配中断使能。一旦 TIFR 上的 TOV1 置位，CPU 即开始执行 T/C1 溢出中断服务程序。

（7）T/C1 中断标志寄存器 TIFR。

位	7	6	5	4	3	2	1	0
	OCF2	TOV2	ICF1	OCF1A	OCF1B	TOV1	OCF0	TOV0
读/写	R/W	R/W	R/W	R/W	R/W	R/W	R/W	R/W
复位值	0	0	0	0	0	0	0	0

① BIT5：ICF1，T/C1 输入捕捉标志位。外部引脚 ICP1 出现捕捉事件时 ICF1 置位。此外，当 ICR1 作为计数器的 TOP 值时，一旦计数器值达到 TOP，ICF1 也置位。执行输入捕捉中断服务程序时 ICF1 自动清零。也可以对其写入逻辑"1"来清除该标志位。

② BIT4、BIT3：OCF1A、OCF1B，T/C1 输出比较 A、T/C1 输出比较 B 匹配标志位。当 TCNT1 与 OCR1A（OCR1B）匹配成功时，该位被设为"1"。强制输出比较不会置位 OCF1A（OCR1B）。执行强制输出比较匹配中断服务程序时 OCF1A（OCR1B）自动清零。也可以对其写入逻辑"1"来清除该标志位。

③ BIT2：TOV1，T/C1 溢出标志。该位的设置与 T/C1 的工作方式有关。工作于普通模式和 CTC 模式时，T/C1 溢出时 TOV1 置位。执行溢出中断服务程序时自动清零。也可以对其写入逻辑"1"来清除该标志位。

任务二　电子计数器制作

一、任务要求

利用 ATmega16 单片机内部的定时/计数器，设计一个电子计数器，由外部按键模拟信号源，记录按键触发次数，并通过数码管显示。

二、硬件设计

要使用定时/计数器的技术功能，用 T/C0 计数，需要使用 PB0 管脚的第二功能 T0，PB0 口连接按键，其硬件电路原理图如图 8-15 所示。

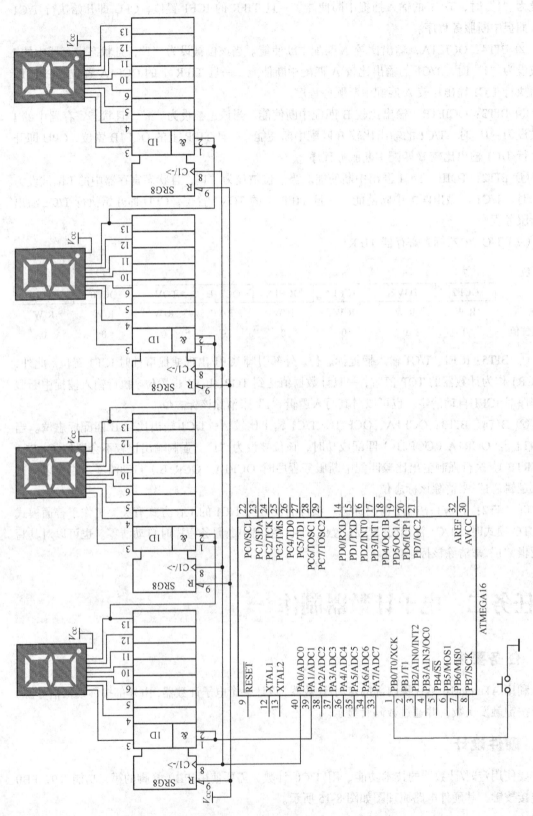

图 8-15 计数器硬件原理图

三、程序设计

计数功能不需要编写相应软件实现，只需要对 T/C0 控制寄存器 TCCR0 进行相应配置，将 PB0 口的第二功能 T0 作为外部使用输入，就能通过外部按键实现对计数寄存器 TCNT0 的加 1 功能，也就实现了计数，如图 8-16 所示。最后通过显示子函数将 TCNT0 的值显示出来即可。 TCNT0 计数到顶端值后，下一次计数会从"0"开始。

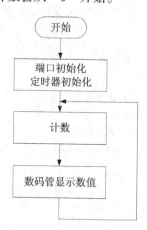

图 8-16　计数器程序流程图

四、参考程序

```
#include <avr/io.h>
#include <util/delay.h>

#define dath PORTA|=_BV(1)
#define datl PORTA&=~_BV(1)
#define clkh PORTA|=_BV(0)
#define clkl PORTA&=~_BV(0)
volatile int i=0;
const unsigned char SEG_7[16]={0xC0,0xF9,0xA4,0xB0,0x99,0x92,0x82,
0xF8,0x80,0x90,0x88,0x83,0xC6,0xA1,0x86,0x8E};

void play(unsigned char no)
{
    unsigned char j,data;
    data= SEG_7 [no];
    for(j=0;j<8;j++)
    {
        clkl;
        if(data&0x80)
            dath;
        else
            datl;
        clkh;
        data<<=1;
    }
}
void show()
{
    unsigned char a,b,c,d;
```

```
        a=i%10;                         //取得 i 的个位
        b=i%100/10;                     //取得 i 的十位
        c=i/100%10;                     //取得 i 的百位
        d=i/1000;                       //取得 i 的千位
        play(a);                        //显示数值 a
        play(b);
        play(c);
        play(d);
        _delay_ms(300);                 //延时，观察显示结果
}

int main()
{

        DDRA|=0x03;                     //配置输出 PA0 PA1 用于串行显示
        DDRB&=~0X01;                    //PB0 输入
        PORTB|=0x01;                    //PB0 内部上拉
        TCCR0=0x07;                     //外部 T0 引脚，上升沿驱动
        TCNT0=0x00;
        while(1)
        {
                i=TCNT0;
                show();
        }
}
```

五、项目实施

1. 根据元器件清单选择合适的元器件。
2. 根据硬件设计原理图，在万能电路板进行元器件布局，并进行焊接工作。
3. 焊接完成后，重复进行线路检查，防止短路、虚接现象。
4. 在 AVR Studio 软件中创建项目，输入源代码并生成*.hex 文件。
5. 在确认硬件电路正确的前提下，通过 JTAG 仿真器进行程序的下载与硬件在线调试。

任务三　电子跑表制作

一、任务要求

利用 ATmega16 单片机内部的定时/计数器 0 制作一个简单的电子跑表，由 4 个 LED 数码管显示时间，最高计时可达 9min59.9s，并由相应的"开始/停止"键控制。

二、硬件设计

这里省略了 ATmega16 单片机外部应接的电源电路等部分外围电路，显示部分原理图和之前的串行显示一致，两个按键分别接到外部中断 1 和外部中断 2 对应的引脚 PD3 和 PB2 上，在复位端有手动复位按键。用 ATmega16 单片机实现一个 60Hz 的时钟发生器：4 个 LED 数码管显示时间，最高计时可达 9min59.9s；按下"开始"键开始计时，按下"暂停"键时停止计时，LED 显示静止。第 3 次按下"开始"按键时将继续上一次计时。定时器显示电路原理图如图 8-17 所示。

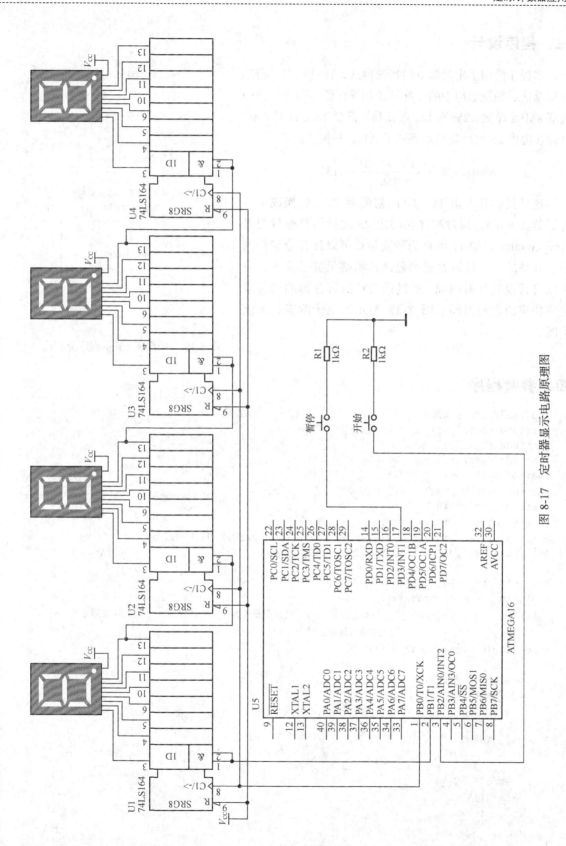

图 8-17 定时器显示电路原理图

三、程序设计

本程序使用了定时器 0 的普通模式，在计数寄存器达到顶端值后触发溢出中断。配置控制寄存器 TCCR0 使用内部 8MHz 晶振，256 分频。假设我们需要 T/C0 计时 4ms，这样在溢出 25 次后我们就得到了 0.1s。根据公式：

$$Start = 256 - \frac{4 \times 10^{-3} \times 8 \times 10^{6}}{256} = 131$$

这样我们计算出 TCNT0 的初值为 131，转换成十六进制数为 0x83。通过程序在溢出 25 次后将百毫秒变量 dsec_counter 自加 1，由百毫秒变量就可以计算分别得到秒、分钟的值，最后通过串显函数将结果显示出来。也可以自行设置计时间隔，通过修改计数寄存器的初值来实现相应的定时时间。图 8-18 所示为电子跑表显示流程图。

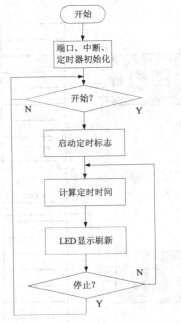

图 8-18　电子跑表显示程序流程图

四、参考程序

```
#define F_CPU 8000000
#include <avr/io.h>
#include <util/delay.h>
#include <avr/interrupt.h>
#define dath PORTB|=_BV(1)
#define datl PORTB&=~_BV(1)
#define clkh PORTB|=_BV(0)
#define clkl PORTB&=~_BV(0)
const unsigned char SEG_7[16]={0xC0,0xF9,0xA4,0xB0,0x99,0x92,0x82,
0xF8,0x80,0x90,0x88,0x83,0xC6,0xA1,0x86,0x8E};

unsigned char Seg_buff[4];
unsigned int msec,dsec,sec;
volatile char Flag=0;        //控制显示，由于是在中断函数中改变，应加 volatile 关键字
                             //串行显示函数
void play(unsigned char data)
{
    unsigned char j;
    for(j=0;j<8;j++)
    {
        clkl;
        if(data&0x80)
            dath;
        else
            datl;
        clkh;
        data<<=1;
    }
}
```

```c
/*中断 1 服务函数，停止跑表*/
ISR(INT1_vect)
{
    Flag=0;
}
/*中断 2 服务函数，启动跑表*/
ISR(INT2_vect)
{
    Flag=1;
}
/*定时器 0 服务函数，定时 4ms 并计算跑表逻辑*/
ISR(TIMER0_OVF_vect)
{
    TCNT0=0x83;
    if(Flag)
    {
        msec++;
        if(msec>25)
        {
            dsec++;//0.1S
            if(dsec>5999) dsec=0;
            msec=0;
        }
        Seg_buff[0]=dsec%10;
        sec=dsec/10;
        Seg_buff[1]=sec%60%10;
        Seg_buff[2]=sec%60/10;
        Seg_buff[3]=sec/60;
    }
}
int main()
{
    DDRB|=0x03;
    PORTB|=0x04;
    DDRD&=0xf7;
    PORTD|=0x08;

    cli();
//中断部分初始化
    GICR|=0xa0;
    MCUCR|=0x08;
    MCUCSR|=0x40;
    GIFR|=_BV(5)|_BV(7);
//定时器部分初始化
    TCCR0=0x04;        //内部 8M、265 分频
    TCNT0=0x83;        //4ms 溢出一次，0x83 = 131，溢出值 256 -131 =125
    TIMSK=0x01;        //溢出中断使能
    sei();

    while(1)
    {
        if(Flag)        //控制显示与否
        {
```

```
        play(SEG_7 [Seg_buff[0]]);
        play(SEG_7[Seg_buff[1]]&0x7f);
        play(SEG_7[Seg_buff[2]]);
        play(SEG_7 [Seg_buff[3]]&0x7f);
        _delay_ms(300);
    }
  }
}
```

五、项目实施

1. 根据元器件清单选择合适的元器件。
2. 根据硬件设计原理图，在万能电路板进行元器件布局，并进行焊接工作。
3. 焊接完成后，重复进行线路检查，防止短路、虚接现象。
4. 在 AVR Studio 软件中创建项目，输入源代码并生成*.hex 文件。
5. 在确认硬件电路正确的前提下，通过 JTAG 仿真器进行程序的下载与硬件在线调试。

任务四　PWM 模式调光控制

一、任务要求

　　利用 ATmega16 单片机内部的定时/计数器的 PWM 功能，对 LED 灯进行调光控制，通过外部信号触发，改变 PWM 的占空比，实现 LED 灯渐明渐暗显示效果。

二、硬件设计

　　通过 INT0 和 INT1 外接按键控制程序，使单片机通过比较匹配输出端口 PB3（OC0）上的电平变化来控制 LED 产生相应的明暗变化，PWM 模式调光硬件原理图如图 8-19 所示。

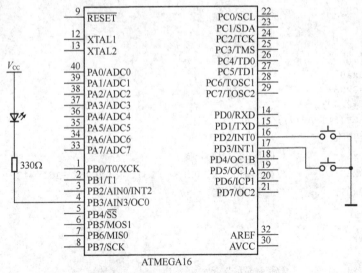

图 8-19　PWM 模式调光硬件原理图

三、程序设计

当定时/计数器工作于 PWM 模式时，在计数的过程中，单片机内部硬件会对计数寄存器值和比较寄存器值进行比较，当两个值匹配时（相等）时，自动置位（清零）一个固定引脚的输出电平（T/C0 的话是 OC0 即 PB3 引脚），而当计数器的值达到最大时，自动将该引脚的输出电平清零（置位）。因此，在程序中改变比较寄存器的值，定时/计数器就能自动产生普通频率的方波（PWM）信号了。比较寄存器的值可在外部中断 0 和 1 的服务程序中进行修改。图 8-20 所示为 PWM 模式调光程序流程图。

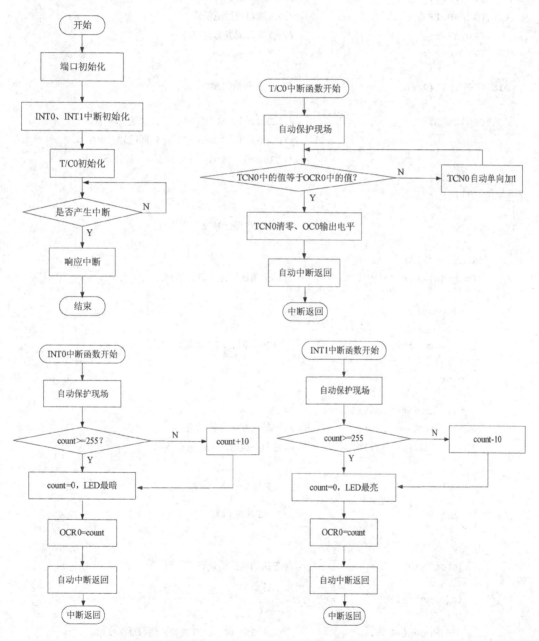

图 8-20　PWM 模式调光程序流程图

四、参考程序

```c
#include <avr/io.h>
#include <util/delay.h>
#define button1 PIND&0x04
#define button2 PIND&0x08
unsigned char count;
void port_init(void)                    //端口初始化
{
    DDRB=0xFF;                          //PB 端口配置为输出
    PORTB=0xFF;                         //PB 端口初始值设置
    DDRD=0xF3;                          //PD 端口配置为输出
    PORTD=0xFF;
}
void TC0_init(void)                     //T/C0 初始化设置
{
    TCR0=0x7A;                          //WGM01=1，WGM00=1，选择快速 PWM 模式
                                        //COM01=1，COM00=1，比较匹配时，置位 OC0
                                        //CS02=0，CS01=1，CS01=1，选择不分频
    OCR0=0x00;
    sei();
}
ISR(INT0_vect)                          //INT0 中断函数
{
    _delay_ms(10);
    if(button1==0)                      //再次确认按键，软件防抖
    {
        if(count>=255)
        {
            count=0;                    //OCR=0 时，LED 最暗，然后逐渐变亮
        }
        else
        {
            count=count+10;
            OCR0=count;                 //比较匹配寄存器赋值
            _delay_ms(10);              //延时一段时间，以观察效果
        }
    }
}
ISR(INT1_vect)                          //INT1 中断函数
{
    _delay_ms(10);
    if(button2==0)                      //再次确认按键，软件防抖
    {
        if(count<=0)
        {
            count=255;                  //OCR=255 时，LED 最亮，然后逐渐变暗
        }
```

```
        else
        {
            count=count-10;
            OCR0=count;              //比较匹配寄存器赋值
            _delay_ms(10);           //延时一段时间，以观察效果
        }
    }
}
void INT_int(void)                   //中断初始化设置
{
    MCUR=0x0A;                       //定义 INT0 和 INT1 为下降沿时产生中断
    GICR=0Xc0;                       //允许 INT0 和 INT1 产生中断
    sei();                           //开启总中断
}
int main(void)
{
    port_init();
    INT_init();
    TC0_init();
    while(1);
}
```

五、项目实施

1. 根据元器件清单选择合适的元器件。
2. 根据硬件设计原理图，在万能电路板进行元器件布局，并进行焊接工作。
3. 焊接完成后，重复进行线路检查，防止短路、虚接现象。
4. 在 AVR Studio 软件中创建项目，输入源代码并生成*.hex 文件。
5. 在确认硬件电路正确的前提下，通过 JTAG 仿真器进行程序的下载与硬件在线调试。

任务五　音拍发生器制作

一、任务要求

利用 ATmega16 单片机内部的定时/计数器制作一个音频发生器，通过按键按下输出一段有 14 音符的音阶，音符的输出由定时器控制完成。

二、硬件设计

硬件电路如图 8-21 所示，按键 K1 控制音符的输出，将扬声器接到 PD7 口上，可以利用示波器观察不同音阶的波形变化情况。

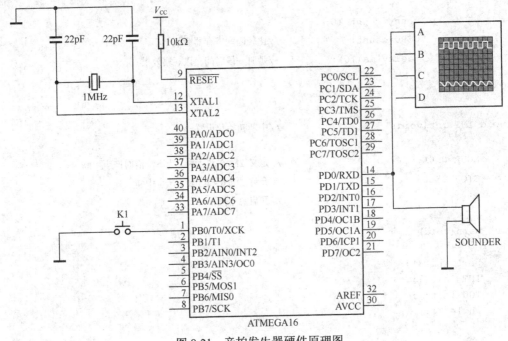

图 8-21　音拍发生器硬件原理图

三、程序设计

本程序运行时将输出 DO、RE、ME…的声音。表 8-11 是其中前 7 个音符的频率。

表 8-11　　　　　　　　　　　　　　　　前 7 个音符的频率

简谱	1	2	3	4	5	6	7
音符	C5	D5	E5	F5	G5	A5	B5
频率	523	587	659	698	784	880	987

以上频率的计时初值可根据下面的关系式推出。

① 当主频为 1M 时，根据频率可得方波周期：t=1/频率×1000000（单位为 μs）。

② 由于所输出的 t(μs) 周期方波中，高低电平各占 50%，因此定时器定时长度为 Count =t/2，即 Count =1000000/2/频率。

主函数中配置 TCCR1A 与 TCCR1B 使 T/C1 工作于 CTC 模式下，还将 T/C1 计数时钟设为 1 分频的系统时钟。根据上述公式，可设置输出比较寄存器 OCR1A：

```
OCR1A=F_CPU/2/TONE_FRQ[i]
```

将 TCNT1 初值设为 0，允许输出比较 A 匹配中断，启动定时器后当计数寄存器递增到与 OCR1A 匹配时触发比较匹配中断，中断函数被调用，其调用的频率完全由 OCR1A 来决定。如果需要输出的频率越高，则设置 OCR1A 越小，TCNT1 递增到匹配的周期也越短，因而输出的声音频率就越高。音拍发生器流程如图 8-22 所示。

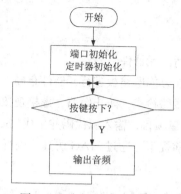

图 8-22 音拍发生器流程图

四、参考程序

```c
#define F_CPU 1000000
#include<avr/io.h>
#include<avr/interrupt.h>
#include<util/delay.h>
#define INT8U unsigned char
#define INT16U unsigned int
#define K1_DOWN() ((PINB&_BV(PB0))==0X00)
#define SPK() (PORTD ^=_BV(PD0))
#define Enable_TIMER1_OCIE() (TIMSK |=_BV(OCIE1A))
#define Disable_TIMER1_OCIE() (TIMSK &=~_BV(OCIE1A))
const INT16U TONE_FRQ[]={0,262,294,330,349,392,440,494
,523,587,659,698,784,880,988,1046};
int main()
{
    INT8U i;
    DDRB=0x00;PORTB=0xff;
    DDRD=0xFF;PORTD=0xff;
    TCCR1A=0x00;              //TC1 与 OC1A 不连接, 禁止 PWM 功能
    TCCR1B=0x09;              //1 分频, CTC
    sei();
    while(1)
    {
        while(!K1_DOWN());      //等待按键
        while(K1_DOWN());       //等待释放
        for(i=1;i<16;i++)
        {
            OCR1A=F_CPU/2/TONE_FRQ[i];
            TCNT1=0;
            Enable_TIMER1_OCIE();
            _delay_ms(200);      //播放延时
            Disable_TIMER1_OCIE();
            _delay_ms(80);

        }
    }
}
ISR(TIMER1_COMPA_vect)
{
    SPK();
}
```

五、项目实施

1. 根据元器件清单选择合适的元器件。
2. 根据硬件设计原理图，在万能电路板进行元器件布局，并进行焊接工作。
3. 焊接完成后，重复进行线路检查，防止短路、虚接现象。
4. 在 AVR Studio 软件中创建项目，输入源代码并生成*.hex 文件。
5. 在确认硬件电路正确的前提下，通过 JTAG 仿真器进行程序的下载与硬件在线调试。

任务六　脉冲频率测量

一、任务要求

利用 ATmega16 单片机内部的定时/计数器 1 的输入捕捉功能，测量外部信号源发出方波频率，并通过数码管显示。

二、硬件设计

脉冲频率测量硬件原理图如图 8-23 所示。

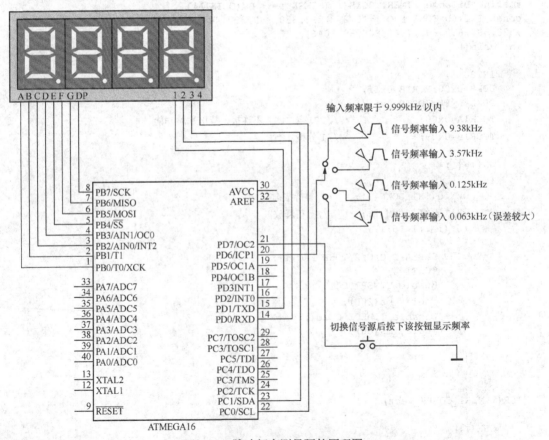

图 8-23　脉冲频率测量硬件原理图

三、程序设计

　　T/C1 工作于定时器方式，TCNT1 计数脉冲由系统时钟分频后提供，采用系统时钟为 8MHz，TCCR1B 设置分频比为 1。主函数配置 TCCR1B 使能输入捕获噪音消除位和 ICP 上升沿触发输入捕获位。在捕获发生时，当前计数寄存器的计数值被复制到输入捕获寄存器 ICR1 中；在连续第 2 次 ICP 引脚上升沿触发捕获中断时，中断服务程序通过计算 2 次所读取的 ICR1 的差值，即可得出相邻 2 次 TCNT1 的计数差值，从而就得到了输入信号的周期，倒数处理后即可得到信号频率，如图 8-24 所示。

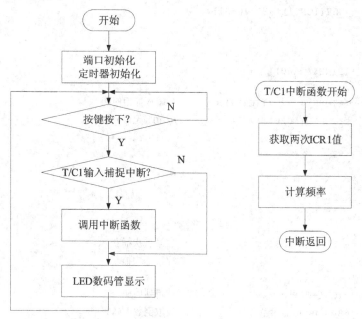

图 8-24　频率测量程序流程图

四、参考程序

```
#define F_CPU 8000000
#include <avr/io.h>
#include <util/delay.h>
#include <avr/interrupt.h>
//共阳字形码
const unsigned char SEG_7[18]={0xC0,0xF9,0xA4,0xB0,0x99,0x92,0x82,0xF8,
0x80,0x90,0x88,0x83,0xC6,0xA1,0x86,0x8E,0x89,0xC7};

#define INT8U unsigned char
#define INT16U unsigned int
INT16U CAPi=0,CAPj=0;
// display(unsigned char,unsigned char) 显示函数无返回值
//参数 bit 要点亮的位，参数 data 要显示的数据
void display(unsigned char bit,unsigned char data)
{
    PORTB= SEG_7 [data];   //查找 data 在 SMG_Conver 中的映射
    switch(bit)
    {
```

```
            case 4:PORTD|=_BV(1); _delay_ms(1); PORTD&=~_BV(1); break;
            case 3:PORTD|=_BV(0); _delay_ms(1); PORTD&=~_BV(0); break;
            case 2:PORTC|=_BV(1); _delay_ms(1); PORTC&=~_BV(1); break;
            case 1:PORTC|=_BV(0); _delay_ms(1); PORTC&=~_BV(0); break;
    }
}
int main()
{
    DDRB = 0xff;
    DDRD = 0b00010011;PORTD|=_BV(7);
    DDRC = 0Xff;
    TCCR1B = _BV(ICNC1)|_BV(ICES1);
    sei();
    while(1)
    {
        if(!(PIND&&0x80))
        {
            TIMSK = _BV(TICIE1);            //输入捕捉使能
            TCCR1B|=0x01;                   //001 无预分频
        }

    }
}
ISR(TIMER1_CAPT_vect)
{
    INT8U i;
    if(CAPi==0) CAPi=ICR1;                 //第 1 次捕获
    else                                    //第 2 次捕获
    {
        CAPj=ICR1-CAPi;                     //得到周期
        CAPj=8000000UL/CAPj;                //取倒数得到频率
        TIMSK = 0x00;                       //第 2 次捕获后禁止输入捕获中断
        TCCR1B&=0xfc;                       //关闭计数
        display(1,CAPj%10);                 //点亮 1 并显示 0
        display(2,CAPj%100/10);
        display(3,CAPj%1000/100);
        display(4,CAPj%10000/1000);

        TCNT1=0;
        CAPi=0;
        CAPj=0;
    }
}
```

五、项目实施

1. 根据元器件清单选择合适的元器件。
2. 根据硬件设计原理图，在万能电路板进行元器件布局，并进行焊接工作。
3. 焊接完成后，重复进行线路检查，防止短路、虚接现象。
4. 在 AVR Studio 软件中创建项目，输入源代码并生成*.hex 文件。
5. 在确认硬件电路正确的前提下，通过 JTAG 仿真器进行程序的下载与硬件在线调试。

项目九

ATmega16 单片机模数转换应用

【知识目标】

了解 ADC 转换的原理

了解 ATmega16 单片机 10 位 ADC 的结构

了解 ATmega16 单片机内置模拟比较器的结构

了解 ADC 相关的寄存器功能

【能力目标】

掌握 ATmega16 单片机 ADC 相关寄存器的设置方法

掌握 ADC 应用系统的程序编写、调试方法

任务一　项目知识点学习

一、模数转换基本知识

单片机应用系统中的实际对象往往都是一些模拟量（如温度、压力、位移、图像等），要使单片机能识别、处理这些信号，必须首先将这些模拟信号转换成数字信号，这样就需要一种能在模拟信号与数字信号之间起桥梁作用的电路——模数（A/D）转换器。图 9-1 所示为一个典型的单片机应用系统的信号采集过程。

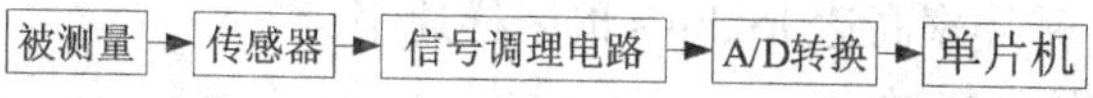

被测量 → 传感器 → 信号调理电路 → A/D转换 → 单片机

图 9-1　典型信号采集过程

模数（A/D）转换器在结构上可以分为逐次逼近式和双积分式。其中，逐次逼近式的优点是速度较快、精度较高，完成一次转换大约需要几十微秒；双积分式转换精度高，抗干扰性好，但是转换速度较慢，完成一次转换大约需要几百毫秒。

常见的模数（A/D）转换器的精度有 8 位、10 位、12 位、16 位等。以 10 位精度的模数（A/D）转换器为例，它可以将一个模拟量转化为一个 10 位的二进制数，它的最大值为 0x3FF（0b11111111），最小值为 0x00（0b00000000），一共有 2^{10}=1024 个刻度值。在进行模数转换之前先要设定一个参考电压，参考电压对应于最大值，输入的模拟量应该在 0 到参考电压之间。

假设参考电压为 5V，转换精度为 10 位，则：

单位刻度表示的电压值=参考电压（5V）$/2^{10}$=0.0048828125V

如果被测模拟量为 2V，则其对应的刻度为：

2/0.0048828125V=409.6V

这里只能精确到 409，最终转换结果是 0x199（0b110011001）。

反过来，若单片机得到一个 0x199（0b110011001）的转换结果，即可认为被测量的模拟电压值为 409×0.0048828125=1.9970703125，与实际值约有 0.15%的误差。这是因为 10 位精度的模数转换器最小刻度值为 0.0048828125V，在该精度下，分辨不出介于 0～0.0048828125V 的值，只能是被舍弃或者进位。这个误差就是"量化误差"，是无法消除的。如果想要得到更精确的转换结果，需要选用精度更高的模数转换器。

二、ATmega16 单片机的 ADC 转换器结构

外部的模拟信号需要转变成数字量才能进一步由 MCU 进行处理。ATmega16 单片机内部集成了一个 10 位逐次比较（Successive Approximation）电路。因此使用 AVR 可以非常方便地处理输入的模拟信号量。

ATmega16 单片机的 ADC 与一个 8 通道的模拟多路选择器连接，能够对以 PORTA 作为 ADC 输入引脚的 8 路单端模拟输入电压进行采样，单端电压输入以 0V（GND）作为参考。另外，ADC 还支持 16 种差分电压输入组合，其中 2 种差分输入方式（ADC0、ADC1 和 ADC3、ADC2）带有可编程增益放大器，能在 A/D 转换前对差分输入电压进行 0dB（1×）、20dB（10×）或 46dB（200×）的放大。还有 7 种差分输入方式的模拟通道共用一个负极（ADC1），此时其他任意一个 ADC 引脚都可以作为相应的正极。若增益为 1×或 10×，则可获得 8 位的转换精度；若增益为 200×，那么转换精度为 7 位。

1. AVR 的模/数转换器 ADC 的特点

① 10 位精度。

② 0.5LSB 的非线性度。

③ ±2LSB 的绝对精度。

④ 65～260μs 的转换时间。

⑤ 最高分辨率时，采样率高达 15kbit/s 的采样速率。

⑥ 8 路可选的单端输入通道。

⑦ 7 路差分输入通道。

⑧ 2 路可选增益为 10×与 200×的差分输入通道。

⑨ 可选的左对齐 ADC 读数。

⑩ ADC 的输入电压范围 0～V_{CC}。

⑪ 可选内部的 2.56V 为 ADC 参考电压。

⑫ 自由连续转换模式和单次转换模式。

⑬ 通过自动触发中断源启动 ADC 转换。

⑭ ADC 转换结束中断。

⑮ 基于休眠模式的噪声抑制器（Noise Canceler）。

AVR 的 ADC 功能单元由独立的专用模拟电源引脚 AVCC 供电。引脚 AVCC 和电源引脚 VCC 的电压差不能大于 ± 0.3V。ADC 转换的参考源可以采用芯片内部的 2.56V 参考电源，或采用 AVCC，也可以使用外部参考源。使用外部参考源时，外部参考源由引脚 AREF 接入。使用内部电压参考源时，可以通过在 AREF 引脚外部并接一个电容来提高 ADC 的抗噪声性能。

2. 10 位 ADC 的结构

AVR 的 ADC 功能单元包括采样电路，以确保输入电压在 ADC 转换过程中包络恒定。ADC 的方框图如图 9-2 所示。

ADC 通过逐次比较的方式，将输入端的模拟电压转换成 10 位的数字量。最小值代表地，最大值为 AREF 引脚上的电压减 1 个 LSB。可以通过 ADMUX 寄存器中 REFSn 位的设置，选择将芯片内部参考电源（2.56V）或 AVCC 连接到 AREF，作为 A/D 转换的参考电压。这时，内部电压参考源可以通过外接于 AREF 引脚的电容来稳定，以改进抗噪性能。

模拟输入通道和差分增益的选择上，通过 ADMUX 寄存器中的 MUX 位设定任何一个 ADC 的输入引脚，包括地（GND）以及内部的固定能隙电压参考源，都可以被选择用来作为 ADC 的单端输入信号。而 ADC 的某些输入引脚则可以选择作为差分增益放大器的正负极输入端。当选择了差分输入通道后，差分增益放大器将输入通道上的电压差按选定的增益系数放大，然后输入到 ADC 中。若选定使用单端输入通道，则增益放大器无效。

通过设置 ADCSRA 寄存器中的 ADC 使能位 ADEN 来使能 ADC。在 ADEN 没有置位前，参考电压源和输入通道的选定将不起作用。当 ADEN 清零后，ADC 将不消耗能量，因此建议在进入节电休眠模式前将 ADC 关闭。

ADC 将 10 位转换结果放在 ADC 数据寄存器中（ADCH 和 ADCL）。默认情况下，转换结果为右端对齐，但可以通过设置 ADMUX 寄存器中的 ADLAR 位，调整为左对齐。如果转换结果是左端对齐，并且只需要 8 位精度，那么只需读取 ADCH 寄存器的数据作为转换结果就能达到要求；否则，必须先读取 ADCL 寄存器，然后再读取 ADCH 寄存器，以保证数据寄存器中的内容是同一次转换的结果。这是因为一旦 ADCL 寄存器被读取，就阻断了 ADC 对 ADC 数据寄存器的操作。这意味着，一旦指令读取了 ADCL，那么必须紧接着读取一次 ADCH。如果在读取 ADCL 和 ADCH 的过程中正好有一次 ADC 转换完成，则 ADC 的两个数据寄存器的内容是不会被更新的，该次转换结果将丢失。只有当 ADCH 寄存器被读取后，ADC 才可以继续对 ADCL 和 ADCH 寄存器操作更新。

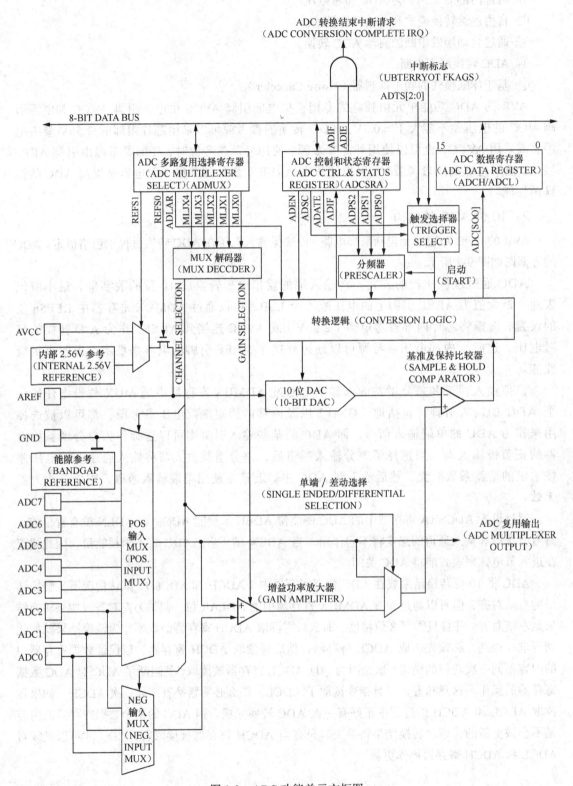

图 9-2　ADC 功能单元方框图

三、与 ADC 相关的寄存器

（1）ADC 多路复用选择寄存器 ADMUX。

位	7	6	5	4	3	2	1	0
	REFS1	REFS0	ADLAR	MUX4	MUX3	MUX2	MUX1	MUX0
读/写	R/W	R/W	R/W	R/W	R/W	R/W	R/W	R/W
复位值	0	0	0	0	0	0	0	0

① BIT7，BIT6：REFS1，REFS0 参考电压选择。REFS1，REFS0 用于选择 ADC 的参考电压源，见表 9-1，通过这几位可以选择参考电压。如果在转换过程中改变了它们的设置，只有等到当前转换结束（ADCSRA 寄存器的 ADIF 置位）之后改变才会起作用。如果 AREF 引脚上施加了外部参考电压，内部参考电压就不能被选用了，所以在选择内部参考源（AVCC、2.56V）作为 ADC 的参考电压时，AREF 引脚上不得施加外部的参考电源，只能与 GND 之间并接抗干扰电阻。

表 9-1 　　　　　　　　　　　　ADC 参考电源选择

REFS1	REFS0	ADC 参考电源
0	0	AREF，内部 VREF 关闭
0	1	AVCC，AREF 引脚外加滤波电容
1	0	保留
1	1	2.56V 的片内基准电压源，AREF 引脚外加滤波电容

② BIT5：ADLAR，ADC 转换结果左对齐。ADLAR 影响 ADC 转换结果在 ADC 数据寄存器中的存放形式。ADLAR 置位时转换结果为左对齐，否则为右对齐。ADLAR 的改变将立即影响 ADC 数据寄存器的内容，不论是否有转换正在进行。

③ BIT4～BIT1，BIT0：MUX4～MUX0，模拟通道与增益选择位。通过这几位的设置，可以对连接到 ADC 的模拟输入进行选择。也可对差分通道增益进行选择，细节见表 9-2。如果在转换过程中改变这几位的值，那么只有到转换结束（ADCSRA 寄存器的 ADIF 置位）后新的设置才有效。

表 9-2 　　　　　　　　　　　　ADC 输入通道和增益选择

MUX[4:0]	单端输入	差分正极输入	差分负极输入	增　益
00000	ADC0			
00001	ADC1			
00010	ADC2			
00011	ADC3		N/A	
00100	ADC4			
00101	ADC5			
00110	ADC6			
00111	ADC7			

MUX[4:0]	单端输入	差分正极输入	差分负极输入	增　益
01000		ADC0	ADC0	10×
01001		ADC1	ADC0	10×
01010		ADC0	ADC0	200×
01011		ADC1	ADC0	200×
01100		ADC2	ADC2	10×
01101		ADC3	ADC2	10×
01110		ADC2	ADC2	200×
01111		ADC3	ADC2	200×
10000		ADC0	ADC1	1×
10001		ADC1	ADC1	1×
10010		ADC2	ADC1	1×
10011	N/A	ADC3	ADC1	1×
10100		ADC4	ADC1	1×
10101		ADC5	ADC1	1×
10110		ADC6	ADC1	1×
10111		ADC7	ADC1	1×
11000		ADC0	ADC2	1×
11001		ADC1	ADC2	1×
11010		ADC2	ADC2	1×
11011		ADC3	ADC2	1×
11100		ADC4	ADC2	1×
11101		ADC5	ADC2	1×
11110	1.22V		N/A	
11111	0V			

（2）ADC 控制和状态寄存器 A——ADCSRA。

位	7	6	5	4	3	2	1	0
	ADEN	ADSC	ADATE	ADIF	ADIE	ADPS2	ADPS1	ADPS0
读/写	R/W	R/W	R/W	R/W	R/W	R/W	R/W	R/W
复位值	0	0	0	0	0	0	0	0

① BIT7：ADEN，ADC 使能位。ADEN 置位即启动 ADC，否则 ADC 功能关闭。在转换过程中关闭 ADC 将立即中止正在进行的转换。

② BIT 6：ADSC，ADC 转换开始位。在单次转换模式下，ADSC 置位将启动一次 ADC 转换。在自由连续转换模式下，该位写入"1"将启动首次转换。第 1 次转换（在 ADC 启动之后置位 ADSC，或者在使能 ADC 的同时置位 ADSC）需要 25 个 ADC 时钟周期，而不是正常情况下的 13 个 ADC 时钟周期，这是因为第 1 次转换需要完成对 ADC 的初始化工作。

在转换进行过程中读取 ADSC 的返回值始终为"1"，直到转换结束变为"0"。强制写入"0"是无效的。

③ BIT5：ADATE，自动转换触发允许位。ADATE 置位将启动 ADC 自动触发功能。在触发信号的上跳沿，ADC 将自动开始一次 ADC 转换过程。ADC 的自动转换触发信号源由 SFIOR 寄存器的 ADTS 位选择确定。

④ BIT4：ADIF，ADC 中断标志位。在 ADC 转换结束，且数据寄存器被更新后，ADIF 置位。如果 ADIE 位（ADC 转换结束中断允许位）置位和 SREG 寄存器的 I 位置位时，ADC 转换结束中断服务程序将得以执行，同时 ADIF 在执行相应的中断处理向量时被硬件自动清零。另外，还可以通过向此标志写逻辑"1"来清零 ADIF。要注意的是，如果对 ADCSRA 进行"读—修改—写"操作，那么待处理的中断会被禁止。

⑤ BIT3：ADIE，ADC 中断使能位。若 ADIE 及 SREG 的位 I 置位，允许相应 ADC 转换结束中断。

⑥ BIT2～BIT0：ADPS2～ADPS0，ADC 预分频器选择位。由这几位来决定 XTAL 时钟与 ADC 输入时钟之间的分频因子，见表 9-3。

表 9-3　　　　　　　　　　　　　　ADC 预分频选择

ADPS2	ADPS1	ADPS0	分频因子
0	0	0	2
0	0	1	2
0	1	0	4
0	1	1	8
1	0	0	16
1	0	1	32
1	1	0	64
1	1	1	128

（3）ADC 数据寄存器 ADCL 和 ADCL

ADC 转换结束后，转换结果存于这两个寄存器之中，可以读取 ADC0～ADC9 来得到 ADC 转换的结果。如果采用差分通道，结果为二进制的补码形式表示。

在读取 ADCL 之后，ADC 数据寄存器一直要等到 ADCH 也被读出才可以进行数据更新。因此，如果转换结果为左对齐，且要求的精度不高于 8bit，那么仅需读取 ADCH 就足够了。否则必须先读出 ADCL 再读 ADCH。

① ADLAR=0，ADC 转换结果右对齐时，ADC 结果的保存方式。

位	15	14	13	12	11	10	9	8
ADCH	—	—	—	—	—	—	ADC9	ADC8
ADCL	ADC7	ADC6	ADC5	ADC4	ADC3	ADC2	ADC1	ADC0
位	7	6	5	4	3	2	1	0
读/写	R	R	R	R	R	R	R	R
读/写	R	R	R	R	R	R	R	R
复位值	0	0	0	0	0	0	0	0
复位值	0	0	0	0	0	0	0	0

② ADLAR=1，ADC 转换结果左对齐时，ADC 结果的保存方式。

位	15	14	13	12	11	10	9	8
ADCH	ADC9	ADC8	ADC7	ADC6	ADC5	ADC4	ADC3	ADC2
ADCL	ADC1	ADC0	—	—	—	—	—	—
位	7	6	5	4	3	2	1	0
读/写	R	R	R	R	R	R	R	R
读/写	R	R	R	R	R	R	R	R
复位值	0	0	0	0	0	0	0	0
复位值	0	0	0	0	0	0	0	0

ADMUX 寄存器的 ADLAR 及 MUXn 会影响转换结果在数据寄存器中的表示方式。如果 ADLAR 为 1，那么结果为左对齐；反之（系统默认设置），结果为右对齐。

（4）特殊功能寄存器 SFIOR。

位	7	6	5	4	3	2	1	0
	ADTS2	ADTS1	ADTS0	—	ACME	PUD	PSR2	PSR10
读/写	R/W	R/W	R/W	R	R/W	R/W	R/W	R/W
复位值	0	0	0	0	0	0	0	0

BIT7～BIT5：ADTS2～ADTS0，ADC 自动触发源选择位。

若 ADCSRA 寄存器的 ADATE 置位，允许 ADC 工作在自动转换触发工作模式时，这 3 位的设置将确定触发 ADC 转换的自动触发源（见表 9-4）；否则，ADTS2～ADTS0 的设置没有意义。被选中的中断标志在其上升沿触发 ADC 转换。从一个中断标志清零的触发源切换到中断标志置位的触发源会使触发信号产生一个上升沿。如果此时 ADCSRA 寄存器的 ADEN 为 "1"，ADC 转换即被启动。切换到连续运行模式（ADTS[2:0]=0）时，即使 ADC 中断标志已经置位也不会产生触发事件。

表 9-4　　　　　　　　　　　　　　ADC 自动转换触发源选择

ADTS2	ADTS1	ADTS0	触发源
0	0	0	连续自由转换
0	0	1	模拟比较器
0	1	0	外部中断 0
0	1	1	定时器/计数器 0 比较匹配
1	0	0	定时器/计数器 0 溢出
1	0	1	定时器/计数器 1 比较匹配 B
1	1	0	定时器/计数 1 溢出
1	1	1	定时器/计数 1 捕捉事件

四、预分频与转换时间

在通常情况下，ADC 的逐次比较转换电路要达到最大精度时，需要 50kHz～200kHz 的采样时钟。在要求转换精度低于 10 位的情况下，ADC 的采样时钟可以高于 200kHz，以获得更高的采样率。

ADC 模块中包含一个预分频器的 ADC 时钟源，如图 9-3 所示，它可以对大于 100kHz 的系统时钟进行分频，以获得合适的 ADC 时钟供 ADC 使用。预分频器的分频系数由 ADCSRA 寄存器的 ADPS 位设置。一旦 ADCSRA 的 ADEN 位置 "1"（ADC 开始工作），预分频器就启动开始计数。当 ADEN 位为 "1" 时，预分频器将一直工作；当 ADEN 为 "0" 时，预分频器一直处在复位状态。

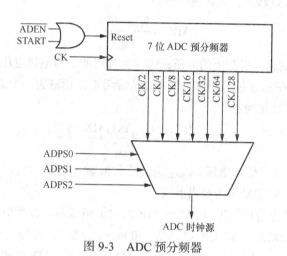

图 9-3　ADC 预分频器

AVR 的 ADC 完成一次转换的时间见表 9-5。从表中可以看出，完成一次 ADC 转换通常需要 13～14 个 ADC 时钟。而启动 ADC 开始第一次转换到完成的时间需要 25 个 ADC 时钟，这是因为要对 ADC 单元的模拟电路部分进行初始化。

表 9-5　　　　　　　　　　　　　ADC 转换和采样保持时间

转换形式	采样保持时间	完成转换总时间
启动 ADC 后第一次转换	13.5 个 ADC 时钟	25 个 ADC 时钟
正常转换，单端输入	1.5 个 ADC 时钟	13 个 ADC 时钟
自动触发方式	2 个 ADC 时钟	13.5 个 ADC 时钟
正常转换，差分输入	1.5/2.5 个 ADC 时钟	13/14 个 ADC 时钟

当 ADCSRA 寄存器的 ADSC 位置位并启动 ADC 转换时，A/D 转换将在随后 ADC 时钟的上升沿开始。一次正常的 A/D 转换开始时，需要 1.5 个 ADC 时钟周期的采样保持时间（ADC 首次启动后需要 13.5 个 ADC 时钟周期的采样保持时间）。当一次 A/D 转换完成后，转换结果写入 ADC 数据寄存器，ADIF（ADC 中断标志位）将置位。在单次转换模式下，ADSC

也同时清零。在程序中可以再次置位 ADSC 位，新的一次转换将在下一个 ADC 时钟的上升沿开始。

当 ADC 设置为自动触发方式时，触发信号的上升沿将启动一次 ADC 转换。转换完成的结果将一直保持到下一次触发信号的上升沿出现，然后开始新的一次 ADC 转换。这就保证了使 ADC 每隔一定时间间隔进行一次转换。在这种方式下，ADC 需要两个 ADC 时钟周期的采样保持时间在自由连续转换模式下，一次转换完毕后马上开始一次新的转换，此时 ADSC 位一直保持为"1"。

五、ADC 转换结果的读取

A/D 转换结束后（ADIF=1），在 ADC 数据寄存器（ADCL 和 ADCH）中可以取得转换的结果。对于单次输入的 A/D 转换，其转换结果为：

$$ADC = \frac{V_{IN} \times 1024}{V_{REF}}$$

式中：V_{IN} 为选定的输入引脚上的电压；V_{REF} 为选定的参考电源电压。0x000 表示输入引脚的电压为模拟地，0x3FF 表示输入引脚上的电压为参考电压值减去一个 LSB。

对于差分转换，其结果为：

$$ADC = \frac{(V_{POS} - V_{NEG}) \times GAIN \times 512}{V_{REF}}$$

式中：V_{POS} 为差分正极输入电压；V_{NEG} 为差分负极输入电压；V_{REF} 为参考电源电压；GAIN 为选定的增益倍数。ADC 的结果为补码形式。

例：若差分输入通道选择位为 ADC3～ADC2，10 倍增益，参考电压为 2.56V，左端对齐（ADMUX=0xED），ADC3 引脚上的电压为 300mV，ADC2 引脚上的电压为 500mV，则 ADCR=(300-500) × 10 × 512/2560=-400=0x270，ADCL=0x00，ADCH=0x9C。

若结果为右对齐（ADLAR=0），则 ADCL=0x70，ADCH=0x02。

任务二　简易多路数字电压表制作

一、任务要求

利用 ATmega16 单片机内部的 A/D 转换器，实现一个简易的多路数字电压表。通过 ADC 来测量一个 0～5V 之间变化的电压，将测得的电压值通过 4 位数码管显示出来。

二、硬件设计

硬件电路可以采用前文的数码管驱动电路，在原电路上增加少量原件即可，如图 9-4 所示。将系统 5V 电源经过 LC 滤波后到 AVCC，以提高 AVCC 的稳定性。ADC 的参考电压源采用 AVCC，在 AREF 和地之间连接电容也进一步提高参考电压的稳定性。将电位器的两端引脚分别接到 5V 电压和地，中间引脚接到 PA7。调节电位器的阻值，在 PA7（ADC7）端可得到 0～5V 之间变化的电压值。

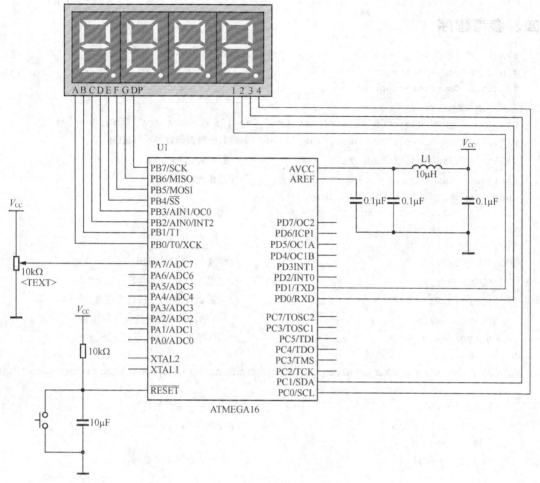

图 9-4   A/D 转换硬件原理图

三、程序设计

在主函数中主要进行端口初始化、ADC 初始化、A/D 通道选择、启动 A/D 转换、调用函数进行数据转换和显示等工作。由外部按键发出外部中断 0，在外部中断 0 的中断服务程序中，启动 A/D 转换，A/D 转换采用中断方式，当 A/D 转换完成后立即产生中断，然后在中断服务程序中做出响应。将 A/D 转换结果读取后进行数据处理，然后在数码管上进行显示。A/D 转换程序流程图如图 9-5 所示。

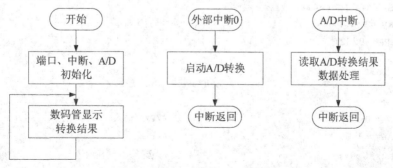

图 9-5   A/D 转换程序流程图

四、参考程序

```
#include <avr/io.h>
#include <util/delay.h>
#include <avr/interrupt.h>
//共阳字形码
const unsigned char SEG_7[16]={0xc0,0xf9,0xa4,0xb0,0x99,0x92,0x82,0xf8,
0x80,0x90,0x88,0x83,0xc6,0xa1,0x86,0x8e};    //共阳极数码管字形码数组
volatile unsigned int adc_rel;                    //存放 AD 转换结果
unsigned char adc_mux;                            //选择 AD 转换通道
unsigned char num1,num2,num3,num4;
volatile unsigned long int temp;
void port_init(void)
{
    DDRB=0xFF;                                    //设置 PB 端口为输出
    DDRC|=0x03;                                   //设置 PC0 和 PC1 端口为输出
    DDRD|=0x03;                                   //设置 PD0 和 PD1 端口为输出
    PORTC&=0xFC;                                  //4 个数码管位选端均设置为低电平
    PORTD&=0xFC;                                  //不点亮任何一个数码管
}
void display(unsigned char data1,unsigned char data2,unsigned char data3,unsigned char data4)
{
    PORTC|=0x01;                                  //选通第 1 个数码管
    PORTB=SEG_7[data1];                           //送字形码到 PB 端口
    _delay_ms(1);
    PORTC&=~0x01;                                 //取消选通第 1 个数码管

    PORTC|=0x02;
    PORTB=SEG_7[data2];
    _delay_ms(1);
    PORTC&=~0x02;
    PORTD|=0x01;
    PORTB=SEG_7[data3];
    _delay_ms(1);
    PORTD&=~0x01;

    PORTD|=0x02;
    PORTB=SEG_7[data4]&0x7f;
    _delay_ms(1);
    PORTD&=~0x02;
}
void adc_init(void)
{
    cli();
    DDRA&=~0x80;                                  //PA7 输入
    PORTA&=~0x80;                                 //PA7 不上拉
    adc_mux=0x07;                                 //选择 AD 转换通道
    ADCSRA=0x00;
```

```
        ADMUX=(1<<REFS0)|(adc_mux&0x0f);              //设置基准选择通道
        ACSR=(1<<ACD);                                //关闭模拟比较器
        ADCSRA=(1<<ADEN)|(1<<ADIE)|(1<<ADPS2)|(1<<ADPS1)|(1<<ADPS0);
                                                      //使能 ADC, 使能 ADC 中断 128 分频|(1<<ADSC)
        sei();
}
void INT0_init(void)
{
        cli();
        DDRD&=~_BV(2);
        PORTD|=_BV(2);
        GICR|=0x40;                                   //配置使能中断 0
        MCUCR|=0x03;                                  //配置中断 0 上升沿触发
        GIFR|=_BV(6);                                 //清除中断 0 中断标志
        sei();                                        //打开全局中断
}
ISR(INT0_vect)
{
        ADCSRA|=(1<<ADSC);
}
ISR(ADC_vect)
{
        temp=ADC&0x3ff;                               //提取 AD 转换结果存入到变量 temp
        temp*=5000;
        temp>>=10;
}
int main()
{

        port_init();
        adc_init();
        INT0_init();
        while(1)
        {
            num1=temp%10;
            num2=temp/10%10;
            num3=(temp/100%10);
            num4=temp/1000;
            display(num1,num2,num3,num4);
        }
}
```

五、项目实施

1. 根据元器件清单选择合适的元器件。
2. 根据硬件设计原理图，在万能电路板进行元器件布局，并进行焊接工作。
3. 焊接完成后，重复进行线路检查，防止短路、虚接现象。
4. 在 AVR Studio 软件中创建项目，输入源代码并生成*.hex 文件。
5. 在确认硬件电路正确的前提下，通过 JTAG 仿真器进行程序的下载与硬件在线调试。

任务三　低压报警器制作

一、任务要求

利用 ATmega16 单片机内部的模拟比较器，实现两路电压的监测，将模拟比较器的正极 AN0 和负极 AN1 所输入的模拟电压进行比较，如果 AN0 上的电压高于 AN1 上的电压时，LED0 点亮，否则 LED1 点亮。

二、硬件设计

低压报警器硬件原理图如图 9-6 所示。

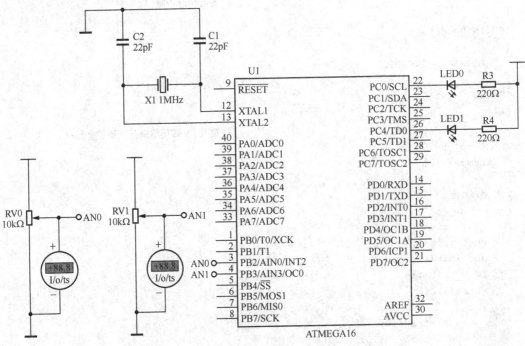

图 9-6　低压报警硬件原理图

三、程序设计

本设计要点在于 SFIOR（Special Function IO Register）与 ACSR（Analog Comparator Control and Status Register）寄存器的设置。

（1）主程序将特殊功能 I/O 寄存器 SFIOR 中的 ACME 位清零，使 AIN1 连接比较器的负极输入端，在模、数转换状态寄存器 ADCSRA 中的 ADEN 为"0"时，如果将 ACME 置位，模拟比较器将使用 ADC 的多路输入作为负极输入端。

（2）将 SFIOR 中的 PUD 置位，禁用内部上拉电阻。

（3）将模拟比较器控制及状态寄存器 ACSR 中的 ACIE 位置位，以允许模拟比较器中断。

（4）在 AN1 引脚提供 1.5V 电压，编程检测 AN0 引脚模拟电压向上穿越 1.5V 电压的次数。

在完成上述设置并开中断后，如果 AN0 上的电压高于 AN1 上的电压，LED0 点亮，否则 LED1 点亮，如图 9-7 所示。

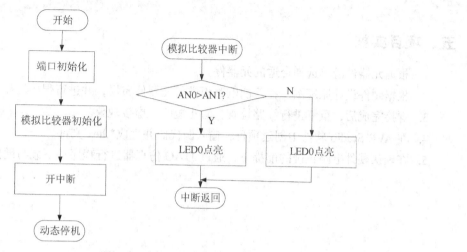

图 9-7　低压报警器程序流程图

四、参考程序

```c
#define F_CPU   1000000UL                //1MHz 晶振
#include <avr/io.h>
#include <avr/interrupt.h>
#define INT8U  unsigned char
#define INT16U unsigned int

#define LED0_ON()  (PORTC &= 0xFE)       //开 LED0
#define LED0_OFF() (PORTC |= 0x01)       //关 LED0
#define LED1_ON()  (PORTC &= 0xEF)       //开 LED1
#define LED1_OFF() (PORTC |= 0x10)       //关 LED1
int main()
{
    DDRB = 0x00;                         //PB2,PD3(AIN0/AIN1)设置为输入（无内部上拉）
    DDRC = 0xFF;                         //PC 端口设置为输出（外接 LED）
    SFIOR &= ~ _BV(ACME);                //AIN1 连接比较器的负极输入端
    SFIOR |= _BV(PUD);                   //禁用内部上拉电阻
    ACSR |= _BV(ACIE);                   //允许模拟比较器中断
    sei();                               //开全局中断
    while(1);

}

ISR (ANA_COMP_vect)
{
    if(ACSR & _BV(ACO))                  //检查 ACO 位，判断 AN0 电压是否大于 AN1 电压
    {
        LED0_ON();LED1_OFF();
    }
    else
```

```
    {
        LED0_OFF();LED1_ON();
    }
}
```

五、项目实施

1. 根据元器件清单选择合适的元器件。

2. 根据硬件设计原理图，在万能电路板进行元器件布局，并进行焊接工作。

3. 焊接完成后，重复进行线路检查，防止短路、虚接现象。

4. 在 AVR Studio 软件中创建项目，输入源代码并生成*.hex 文件。

5. 在确认硬件电路正确的前提下，通过 JTAG 仿真器进行程序的下载与硬件在线调试。

第三篇

单片机通信接口应用

项目十

AVR 单片机 USART 串行通信应用

【知识目标】

了解通信基础知识

掌握异步串行通信协议

了解 ATmega16 单片机串行通信接口结构

了解与串行通信有关的寄存器的功能

【能力目标】

掌握 ATmega16 单片机的串行接口相关寄存器的配置方法

掌握 RS—232C 与 TTL 电平转换方法

掌握 ATmega16 单片机的串行接口及相关寄存器的配置方法

掌握简单的单片机串行通信系统程序的编写、调试方法

掌握 PC 机串口调试软件的使用方法

任务一 项目知识点学习

一、通信知识概述

在通信领域内，有两种数据通信方式——并行通信和串行通信，如图 10-1 所示。随着计算机网络化和微机分级分布式应用系统的发展，通信的功能越来越重要。通信是指计算机与外界的信息传输，既包括计算机与计算机之间的传输，也包括计算机与外部设备，如终端、打印机和磁盘等设备之间的传输。

在计算机和终端之间的数据传输通常是靠电缆或信道上的电流或电压变化实现的。如果一组数据的各数据位在多条线上同时被传输，这种传输方式称为并行通信。

（1）并行数据传输的特点。各数据位同时传输，传输速度快，效率高，多用在实时、快速的场合。并行传输的数据宽度可以是 1~128 位，甚至更宽，但是有多少数据位就需要多少根

数据线，因此传输的成本较高，且只适用于近距离（相距数米）的通信。

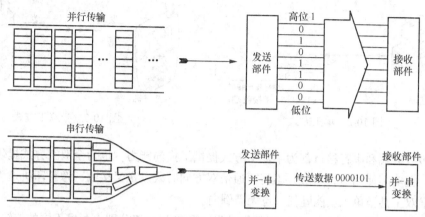

图 10-1　并行、串行通信示意图

　　串行通信是指使用一条数据线，将数据一位一位地依次传输，每一位数据占据一个固定的时间长度。其只需要少数几条线就可以在系统间交换信息，特别适用于计算机与计算机、计算机与外设之间的远距离通信。串行通信是指计算机主机与外设之间以及主机系统与主机系统之间数据的串行传送。使用串口通信时，发送和接收到的每一个字符实际上都是一次一位地传送的，每一位为 1 或者为 0。

　　（2）串行数据传输的特点。

　　① 节省传输线，这是显而易见的。尤其是在远程通信时，此特点尤为重要。这也是串行通信的主要优点。

　　② 数据传送效率低，与并行通信比，这也这是显而易见的。这是串行通信的主要缺点。

二、串行通信制式

　　根据信息的传送方向，串行通信可以进一步分为单工、半双工和全双工 3 种。信息只能单向传送称为单工，信息能双向传送但不能同时双向传送称为半双工，信息能够同时双向传送则称为全双工。

　　（1）单工（Simplex）方式。通信双方设备中发送器与接收器分工明确，只能在由发送器向接收器的单一固定方向上传送数据，如图 10-2 所示。采用单工通信的典型发送设备如早期计算机的读卡器，典型的接收设备如打印机。

　　（2）半双式方式（Half Duplex）。若使用同一根传输线既作接收又作发送，虽然数据可以在两个方向上传送，但通信双方不能同时收发数据，这样的传送方式就是半双工制，如图 10-3 所示。采用半双工方式时，通信系统每一端的发送器和接收器，通过收/发开关转接到通信线上，进行方向的切换，因此会产生时间延迟。收/发开关实际上是由软件控制的电子开关。

　　当计算机主机用串行接口连接显示终端时，在半双工方式中，输入过程和输出过程使用同一通路。有些计算机和显示终端之间采用半双工方式工作。这时，从键盘打入的字符在发送到主机的同时就被送到终端上显示出来，而不是用回送的办法，所以避免了接收过程和发送过程同时进行的情况。

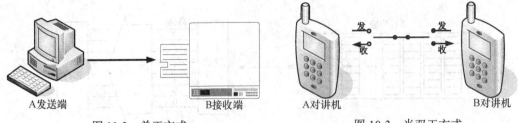

图 10-2　单工方式　　　　　　　　　　图 10-3　半双工方式

目前多数终端和串行接口都为半双工方式提供了换向能力，也为全双工方式提供了两条独立的引脚。在实际使用时，一般并不需要通信双方同时既发送又接收，像打印机这类的单向传送设备，半双工甚至单工就能胜任，也无需倒向。

（3）全双工方式（Full Duplex）。当数据的发送和接收分流分别由两根不同的传输线传送时，通信双方都能在同一时刻进行发送和接收操作，这样的传送方式就是全双工制，如图 10-4 所示。在全双工方式下，通信系统的每一端都设置了发送器和接收器，因此能控制数据同时在两个方向上传送。全双工方式无需进行方向的切换，因此没有切换操作所产生的时间延迟，这对那些不能有时间延误的交互式应用（例如远程监测和控制系统）十分有利。这种方式要求通信双方均有发送器和接收器，同时需要 2 根数据线传送数据信号。（可能还需要控制线和状态线，以及地线）

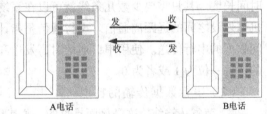

图 10-4　全双工方式

例如，计算机主机用串行接口连接显示终端，而显示终端带有键盘。这样，一方面键盘上输入的字符送到主机内存；另一方面，主机内存的信息可以送到屏幕显示。通常，在键盘上敲入 1 个字符以后，先不显示，计算机主机收到字符后，立即回送到终端，然后终端再把这个字符显示出来。这样，前一个字符的回送过程和后一个字符的输入过程是同时进行的，即工作于全双工方式。

三、串行数据传输的分类

按照串行数据的时钟控制方式，串行通信又可分为同步通信和异步通信两种。

异步通信：接收器和发送器有各自的时钟。

同步通信：发送器和接收器由同一个时钟源控制。

1.　同步通信（Synchronous Communication）

同步通信是一种连续串行传送数据的通信方式，一次通信只传送一帧信息。这里的信息帧与异步通信中的字符帧不同，通常含有若干个数据字符。它们均由同步字符、数据字符和校验字符（CRC）组成。其中，同步字符位于帧开头，用于确认数据字符的开始，如图 10-5 所示。数据字符在同步字符之后，个数没有限制，由所需传输的数据块长度来决定；校验字符有 1～2 个，用于接收端对接收到的字符序列进行正确性的校验。同步通信的缺点是要求发送时钟和接收时钟保持严格的同步。

图 10-5　同步通信的字符帧格式

2.　异步通信（Asynchronous Communication）

异步通信中，在异步通行中有两个比较重要的指标——字符帧格式和波特率。数据通常以字符或者字节为单位组成字符帧传送。字符帧由发送端逐帧发送，每一帧数据均是低位在前，高位在后，通过传输线被接收设备逐帧接收。发送端和接收端可以由各自的时钟来控制数据的发送和接收，这两个时钟源彼此独立，互不同步。

在异步通信中，接收端是依靠字符帧格式来判断发送端何时开始发送，何时结束发送的。字符帧格式是异步通信的一个重要指标。

（1）字符帧（Character Frame）。字符帧也叫数据帧，由起始位、数据位、奇偶校验位和停止位等 4 部分组成，如图 10-6 所示。

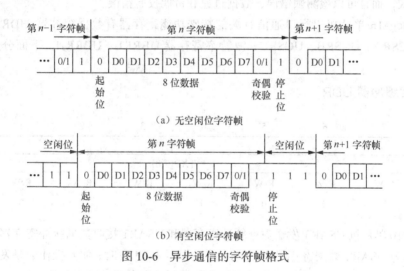

图 10-6　异步通信的字符帧格式

① 起始位：位于字符帧开头，只占一位，为逻辑 0，低电平，用于向接收设备表示发送端开始发送一帧信息。

② 数据位：紧跟起始位之后，用户根据情况可取 5 位、6 位、7 位或 8 位，低位在前，高位在后。

③ 奇偶校验位：位于数据位之后，仅占一位，用来表征串行通信中采用奇校验还是偶校验，由用户决定。

④ 停止位：位于字符帧最后，为逻辑 1，高电平。通常可取 1 位、1.5 位、或 2 位，用于向接收端表示一帧字符信息已经发送完，也为下一帧发送做准备。

在串行通信中，两相邻字符帧之间可以没有空闲位，也可以有若干空闲位，这由用户来决定。图 10-6（b）表示有 3 个空闲位的字符帧格式。

（2）波特率（Baud Rate）。异步通信的另一个重要指标为波特率，它是一个衡量符号传输速率的参数，表示每秒钟传送的符号的个数。计算机串行通信中常用的波特率是：110bit/s、300bit/s、600bit/s、1200bit/s、2400bit/s、4800bit/s、9600bit/s，目前最高可达 56kbit/s。假如波特率参数设定为 9600bps，即每秒传输 9600bit 数据。

异步通信的优点是不需要传送同步时钟，字符帧长度不受限制，故设备简单；缺点是字符帧中因包含始位和停止位而降低了有效数据的传输速率。

四、ATmega16 单片机的串行口及相关寄存器

ATmega16 单片机的串行口结构主要包括 3 个部分——时钟发生器、发送器和接收器。控制寄存器由 3 个单元共享。时钟发生器包含同步逻辑，通过它将波特率发生器及为从机同步操作所使用的外部输入时钟同步起来。XCK（发送器时钟）引脚只用于同步传输模式。发送器包括一个写缓冲器、串行移位寄存器、奇偶发生器以及处理不同的帧格式所需的控制逻辑。写缓冲器可以保持连续发送数据而不会在数据帧之间引入延迟。由于接收器具有时钟和数据恢复单元，所以它是 USART 模块中最复杂的。恢复单元用于异步数据的接收。除了恢复单元，接收器还包括奇偶校验、控制逻辑、移位寄存器和一个两级接收缓冲器 UDR。接收器支持与发送器相同的帧格式，而且可以检测帧错误、数据过速和奇偶校验错误。

与 ATmega16 单片机串行口通信有关的特殊功能寄存器有数据缓冲器 UDR，控制和状态寄存器 UCSRA、UCSRB、UCSRC，波特率寄存器 UBRRL、UBRRH。下面分别作简单的介绍。

1. 数据缓冲器 UDR

位	7	6	5	4	3	2	1	0
	RXB[7:0]							
	TXB[7:0]							
读/写	R/W	R/W	R/W	R/W	R/W	R/W	R/W	R/W
初始值	0	0	0	0	0	0	0	0

ATmega16 单片机 USART 发送数据缓冲寄存器和 USART 接收数据缓冲寄存器共享相同的 I/O 地址，称为 USART 数据寄存器或 UDR。将数据写入 UDR 时，实际操作的是发送数据缓冲寄存器（TXB），读 UDR 时实际返回的是接收数据缓冲寄存器（RXB）的内容。

只有当 UCSRA 寄存器的 UDRE 标志置位后才可以对发送缓冲器进行写操作。如果 UDRE 没有置位，那么写入 UDR 的数据会被 USART 发送器忽略。当数据写入发送缓冲器后，若移位寄存器为空，发送器将把数据加载到发送移位寄存器。然后数据串行地从 TXD 引脚输出。

2. 控制状态寄存器 UCSRA、UCSRB、UCSRC

（1）控制状态寄存器 UCSRA。

位	7	6	5	4	3	2	1	0
	RXC	TXC	UDRE	FE	DOR	PE	U2X	MPCM
读/写	R	R/W	R	R	R	R	R/W	R/W
初始值	0	0	1	0	0	0	0	0

① RXC：USART 接收结束。接收缓冲器中有未读出的数据时 RXC 置位，否则清零。接收器禁止时，接收缓冲器被刷新，导致 RXC 清零。RXC 标志可用来产生接收结束中断（见对 RXCIE 位描述）。

② TXC：USART 发送结束。发送移位缓冲器中的数据被送出，且当发送缓冲器（UDR）为空时 TXC 置位。执行发送结束中断时 TXC 标志自动清零，也可以通过写 "1" 进行清除操作。TXC 标志可用来产生发送结束中断（见对 TXCIE 位的描述）。

③ UDRE：USART 数据寄存器空。UDRE 标志指出发送缓冲器（UDR）是否准备好接收新数据。UDRE 为 "1" 说明缓冲器为空，已准备好进行数据接收。UDRE 标志可用来产生数据寄存器空中断（见对 UDRIE 位的描述）。复位后 UDRE 置位，表明发送器已经就绪。

④ FE：帧错误。如果接收缓冲器接收到的下一个字符有帧错误，即接收缓冲器中的下一个字符的第 1 个停止位为 "0"，那么 FE 置位。这一位一直有效，直到接收缓冲器（UDR）被读取。当接收到的停止位为 "1" 时，FE 标志为 "0"。对 UCSRA 进行写入时，这一位要写 "0"。

⑤ DOR：数据溢出。数据溢出时 DOR 置位。当接收缓冲器满（包含了两个数据），接收移位寄存器又有数据，若此时检测到一个新的起始位，数据溢出就产生了。这一位一直有效，直到接收缓冲器（UDR）被读取。对 UCSRA 进行写入时，这一位要写 "0"。

⑥ PE：奇偶校验错误。当奇偶校验使能（UPM1 = 1），且接收缓冲器中所接收到的下一个字符有奇偶校验错误时 UPE 置位。这一位一直有效直到接收缓冲器（UDR）被读取。对 UCSRA 进行写入时，这一位要写 "0"。

⑦ U2X：倍速发送。这一位仅对异步操作有影响。使用同步操作时将此位清零。此位置 "1" 可将波特率分频因子从 16 降到 8，从而有效地将异步通信模式的传输速率加倍。

⑧ MPCM：多处理器通信模式。设置此位将启动多处理器通信模式。MPCM 置位后，USART 接收器接收到的那些不包含地址信息的输入帧都将被忽略。发送器不受 MPCM 设置的影响。

（2）控制状态寄存器 UCSRB。

① RXCIE：接收结束中断使能。置位后使能 RXC 中断。当 RXCIE 为 1，全局中断标志位 SREG 置位，UCSRA 寄存器的 RXC 亦为 1 时，可以产生 USART 接收结束中断。

位	7	6	5	4	3	2	1	0
	RXCIE	TXCIE	UDRIE	PXEN	TXEN	UCSZ2	RXB8	TXB8
读/写	R/W	R/W	R/W	R/W	R/W	R/W	R	R/W
初始值	0	0	0	0	0	0	0	0

② TXCIE：发送结束中断使能。置位后使能 TXC 中断。当 TXCIE 为 1，全局中断标志位 SREG 置位，UCSRA 寄存器的 TXC 亦为 1 时，可以产生 USART 发送结束中断。

③ UDRIE：USART 数据寄存器空中断使能。置位后使能 UDRE 中断。当 UDRIE 为 1，全局中断标志位 SREG 置位，UCSRA 寄存器的 UDRE 亦为 1 时，可以产生 USART 数据寄存器空中断。

④ RXEN：接收使能。置位后将启动 USART 接收器。RxD 引脚的通用端口功能被 USART

功能所取代。禁止接收器将刷新接收缓冲器，并使 FE、DOR 及 PE 标志无效。

⑤ TXEN：发送使能。置位后将启动 USART 发送器。TxD 引脚的通用端口功能被 USART 功能所取代。TXEN 清零后，只有等到所有的数据发送完成后，发送器才能够真正禁止，即发送移位寄存器与发送缓冲寄存器中没有要传送的数据。发送器禁止后，TxD 引脚恢复其通用 I/O 功能。

⑥ UCSZ2：字符长度。UCSZ2 与 UCSRC 寄存器的 UCSZ1：0 结合在一起可以设置数据帧所包含的数据位数（字符长度）。

⑦ RXB8：接收数据位 8。对 9 位串行帧进行操作时，RXB8 是第 9 个数据位。读取 UDR 包含的低位数据之前首先要读取 RXB8。

⑧ TXB8：发送数据位 8。对 9 位串行帧进行操作时，TXB8 是第 9 个数据位。写 UDR 之前首先要对它进行写操作。

（3）控制状态寄存器 UCSRC。

位	7	6	5	4	3	2	1	0	
	URSEL	UMSEL	UPM1	UPM0	USBS	UCSZ1	UCSZ0	UCPOL	UCSRC
读/写	R/W	R/W	R/W	R/W	R/W	R/W	R/W	R/W	
初始值	1	0	0	0	0	1	1	0	

在 ATmega16 单片机中，UCSRC 寄存器与 UBRRH 寄存器共用相同的 I/O 地址。对控制寄存器 UCSRC 的各位介绍如下。

① URSEL：寄存器选择。通过该位选择访问 UCSRC 寄存器或 UBRRH 寄存器。当读 UCSRC 时，该位为"1"；当写 UCSRC 时，URSEL 为"1"。

② UMSEL：USART 模式选择。当 UMSEL 位为"0"时，串行口工作于异步操作模式；当 UMSEL 位为"1"时，串行口工作于同步操作模式。

③ UPM1/UPM0 0：奇偶校验模式。这两位设置奇偶校验的模式并使能奇偶校验。如果使能奇偶校验，那么在发送数据时，发送器都会自动产生并发送奇偶校验位。对每一个接收到的数据，接收器都会产生一奇偶值，并与 UPM0 所设置的值进行比较。如果不匹配，那么就将 UCSRA 中的 PE 置位。ATmega16 单片机串行口工作时，UPM1：0 的设置见表 10-1。

表 10-1　　　　　　　　　　　　　　UPM 设置

UPM1	UPM0	奇偶模式
0	0	禁止
0	1	保留
1	0	偶校验
1	1	奇校验

④ USBS：停止位选择。通过这一位可以设置停止位的位数。接收器忽略这一位的设置。当 USBS 位为"0"时，停止位位数为 1；当 USBS 位为"1"时，停止位位数为 2。

⑤ UCSZ1/UCSZ0 0：字符长度。UCSZ1/UCSZ0 0 与 UCSRB 寄存器的 UCSZ2 结合在一起可以设置数据帧包含的数据位数（字符长度）。其具体设置见表 10-2。

表 10-2　　　　　　　　　　　　　　　　字符长度设置

UCSZ2	UCSZ1	UCSZ0	字符长度
0	0	0	5 位
0	0	1	6 位
0	1	0	7 位
0	1	1	8 位
1	0	0	保留
1	0	1	保留
1	1	0	保留
1	1	1	9 位

⑥ UCPOL：时钟极性。这一位仅用于同步工作模式。使用异步模式时，将这一位清零。UCPOL 设置了输出数据的改变和输入数据采样，以及同步时钟 XCK 之间的关系。

UCPOL 设置见表 10-3。

表 10-3　　　　　　　　　　　　　　　UCPOL 设置

UCPOL	发送数据的改变（TXD 引脚输出）	接收数据的采样（RXD 引脚输入）
0	XCK 上升沿	XCK 下降沿
1	XCK 下降沿	XCK 上升沿

3. 波特率设置寄存器

（1）URSEL：寄存器选择。通过该位选择访问 UCSRC 寄存器或 UBRRH 寄存器。当读写 UBRRH 时，该位为"0"；当读写 UCSRC 时，URSEL 为"0"。

（2）_BV 14～_BV 12：保留位。这些位是为以后的使用而保留的。为了与以后的器件兼容，写 UBRRH 时将这些位清零。

（3）_BV 11～_BV 8—UBRR[11:8]：USART 波特率寄存器。这个 12 位的寄存器包含了 USART 的波特率信息。其中，UBRRH 包含了 USART 波特率高 4 位，UBRRL 包含了低 8 位。波特率的改变将造成正在进行的数据传输受到破坏。写 UBRRL 将立即更新波特率分频器。

位	15	14	13	12	11	10	9	8	
	URSEL	—	—	—	UBRR[11:8]				UBRRH
	UBRR[7:0]								UBRRL
	7	6	5	4	3	2	1	0	
读/写	R/W	R	R	R	R/W	R/W	R/W	R/W	
	R/W	R/W	R/W	R/W	R/W	R/W	R/W	R/W	
初始值	0	0	0	0	0	0	0	0	
	0	0	0	0	0	0	0	0	

4. 时钟的产生——波特率发生器

时钟产生逻辑为发送器和接收器产生基础时钟。USART 支持 4 种模式的时钟——正常的异步模式、倍速的异步模式、主机同步模式，以及从机同步模式。USART 控制位 UMSEL 和状态寄存器 C（UCSRC）用于选择异步模式和同步模式。倍速模式（只适用于异步模式）受控于 UCSRA 寄存器的 U2X。使用同步模式（UMSEL = 1）时，XCK 的数据方向寄存器（DDR_XCK）

决定时钟源是由内部产生（主机模式）还是由外部产生（从机模式）。XCK 仅在同步模式下有效。时钟产生的逻辑框图如图 10-7 所示。

信号说明：

txclk：发送器时钟（内部信号）；

rxclk：接收器基础时钟（内部信号）；

xcki：XCK 引脚输入（内部信号），用于同步从机操作；

xcko：输出到 XCK 引脚的时钟（内部信号），用于同步主机操作；

f_{OSC}：XTAL 频率（系统时钟）。

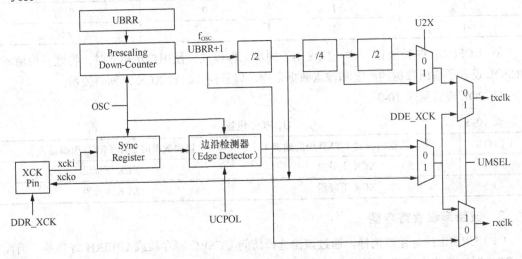

图 10-7 产生逻辑框图

USART 的波特率寄存器 UBRR 和降序计数器相连接，一起构成可编程的预分频器或波特率发生器。降序计数器对系统时钟计数，当其计数到零或 UBRRL 寄存器被写时，会自动装入 UBRR 寄存器的值。当计数到零时产生一个时钟，该时钟作为波特率发生器的输出时钟，输出时钟的频率为 $f_{osc}/$（UBRR+1）。发生器对波特率发生器的输出时钟进行 2、8、16 分频，具体情况取决于工作模式。波特率发生器的输出被直接用于接收器与数据恢复单元。数据恢复单元使用了一个有 2、8 或 16 个状态的状态机，具体状态数由 UMSEL、U2X 与 DDR_XCK 位设定的工作模式决定。

表 10-4 给出了计算波特率（bit/s）以及计算每一种使用内部时钟源工作模式的 UBRR 值的公式。

表 10-4 波特率计算公式

使用模式	波特率的计算公式	UBRR 值的计算公式
异步正常模式（U2X=0）	$BAUD = \dfrac{f_{osc}}{16(UBRR+1)}$	$UBRR = \dfrac{f_{osc}}{16BAUD} - 1$
异步倍速模式（U2X=1）	$BAUD = \dfrac{f_{osc}}{8(UBRR+1)}$	$UBRR = \dfrac{f_{osc}}{8BAUD} - 1$
同步主机模式	$BAUD = \dfrac{f_{osc}}{2(UBRR+1)}$	$UBRR = \dfrac{f_{osc}}{2BAUD} - 1$

说明：BAUD：波特率（单位 bit/s）。

f_{osc}：系统时钟频率。

UBRR：UBRRH 与 UBRRL 的数值（0～4095）。

任务二　双单片机间通信

一、任务要求

利用 ATmega16 单片机内部的 USART 串行通信功能，实现双单片机系统之间的数据通信。通过系统 A 可以控制系统 B 的秒表启停，如果系统 B 的秒表超过 60s，系统 B 发送给系统报警指示信号，系统 A 发出灯光指示。

二、硬件设计

系统 A 和系统 B 之间通过 USART 串行通信，只需要 3 根线连接即可。系统 A 的数据输出 TXD（PD1）连接系统 B 的数据输入 RXD（PD0），系统 A 的数据输入 RXD（PD0）连接系统 B 的数据输出 TXD（PD1），然后把两个系统共地。显示功能参照第二篇中的 4 位串行显示硬件电路。其硬件连线如图 10-8 所示。

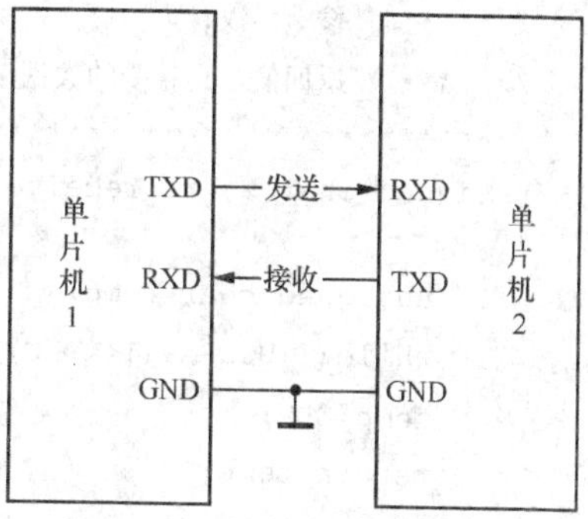

图 10-8　硬件连线示意图

三、程序设计

系统 A、B 通信程序的设计思路都是采用中断方式进行程序设计的，首先对系统 A、B 串行通信模块 USART 相应寄存器进行设置，通过寄存器 UBRRL、UBRRH 设置波特率为 9600。

在系统 A 中定义全局变量 start（0x00 表示停止，0x01 表示启动），通过外部中断 0 进行启动、停止的切换，进入一次外部中断 0 切换一次，并通过把 start 赋值给数据缓冲器 UDR，实现系统 A 给系统 B 自动发送启动/停止指令。

在系统 B 中，设置串口数据接收中断函数功能，系统 B 接收完数据后自动进入中断程序，读取 UDR 的数值并判断是启动还是停止指令。

四、参考程序

1. 系统 A 程序

```
#define F_CPU 8000000 UL              //使用内部晶振 8MHz
#include <avr/io.h>                   //AVR 单片机相关寄存器头文件
#include <util/delay.h>               //延时头文件
#include <avr/interrupt.h>            //中断头文件
volatile unsigned char start;         //全局变量，传递数据，秒表启动标识
volatile unsigned char    GET_Number; //全局变量，传递数据，接收到数据
#define baud  9600                     //通信波特率
/*****************************************************/
/******  函数名称：usart_send()              ******/
```

```
/******   功    能: 向串口发送字符程序               ******/
/******   参    数: byte——待发送的数据              ******/
/******   返回值 : 无                               ******/
/**********************************************************/
void usart_send(unsigned char byte)
{
    while(!(UCSRA&(1<<UDRE)));              //判断上次发送有没有完成
    UDR=byte;                              //写数据到发送寄存器
}
/**********************************************************/
/******   函数名称: usart_rec()                     ******/
/******   功    能: 接受串口发送字符程序             ******/
/******   参    数: 无                               ******/
/******   返回值 : 接受的数据                        ******/
/**********************************************************/
unsigned char usart_receive(void)
{
    unsigned char temp;
    while(!(UCSRA&(1<<RXC)));               //判断数据接收有没有完成
    temp=UDR;                              //读取接收到的数据
    return temp;
}
/**********************************************************/
/******   函数名称: uart_init()                     ******/
/******   功    能: UART 初始化函数                  ******/
/******   参    数: 无                               ******/
/******   返回值 : 无                               ******/
/**********************************************************/
void usart_init(void)
{
    UCSRB=(1<<RXCIE)|(1<<RXEN)|(1<<TXEN);   //允许发送和接收
    UBRRL=(F_CPU/(16*baud)-1)%256;          //设置波特率寄存器低位字节
    UBRRH=(F_CPU/(16*baud)-1)/256;          //设置波特率寄存器高位字节
    UCSRC=(1<<URSEL)|(1<<UCSZ1)|(1<<UCSZ0); //选择 UCSRC，异步模式，
                                            //禁止校验，1 位停止位，8 位数据位

    DDRD|=0X02;                            //配置 TX 为输出（很重要）
}
/**********************************************************/
/******   函数名称: ISR(USARTRXT_vect)              ******/
/******   功    能: 串口数据接收中断函数，           ******/
/******            并把接受的数据显示出来            ******/
/******   参    数: 无                               ******/
/******   返回值 : 无                               ******/
/**********************************************************/
```

```
ISR(USARTRXT_vect)
{
        GET_Number=UDR;                          //接受对方发送的数据

}
/********************************************************/
/******    函数名称: INT0_Init                 ******/
/******    功    能: 外部中断 0 初始化          ******/
/******    参    数: 无                         ******/
/******    返回值  : 无                         ******/
/********************************************************/
void INT0_Init()                           //---外部中断 0 初始化---
{
    MCUCR=0x00;                            //设置外部中断 0 触发方式
    GIFR|=_BV(INTF0);
    GICR|=_BV(INT0);                       //使能外部中断 0
    DDRD&=~_BV(2);                         //设置 INT0 为输入
    PORTD|=_BV(2);                         //上拉电阻使能
}
/********************************************************/
/******    函数名称: ISR(INT0_vect)            ******/
/******    功    能: 外部中断 0 中断服务程序    ******/
/******    参    数: 无                         ******/
/******    返回值  : 无                         ******/
/********************************************************/
ISR(INT0_vect)
{
    if(start)
        start=0x00;
    else
        start=0x01;
    usart_send(start);                     //发送给对方单片机
}
int  main()
{
    cli();                                 //关全局中断
    usart_init();                          //串口通信端口及寄存器初始化
    INT0_Init();                           //外部中断 0 端口及寄存器初始化(远程启动按键)
    sei();                                 //开全局中断
    while()
    {
        if(GET_Number)
        {
            DDRD|=_BV(7);                   ///设置 PD7 为输出
```

```
                    PORTD|=_BV(7);              //设置 PD7 输出高电平，点亮报警指示灯
                }
            }
        }
```

2. 系统 B 程序

```
#define F_CPU 8000000 UL              //使用内部晶振 8MHz
#include <avr/io.h>                   //ATmega16 单片机寄存器相关头文件
#include <util/delay.h>               //延时相关头文件
#include <avr/interrupt.h>            //中断相关头文件

#define dath PORTB|=_BV(1)            //串行显示数据端口为高电平
#define datl PORTB&=~_BV(1)           //串行显示数据端口为低电平
#define clkh PORTB|=_BV(0)            //串行显示时钟端口为高电平
#define clkl PORTB&=~_BV(0)           //串行显示时钟端口为低电平

const unsigned char led_table[16]={0xC0,0xF9,0xA4,0xB0,0x99,0x92,0x82,0xF8,0x80,0x90,0x88,
               0x83,0xC6,0xA1,0x86,0x8E};          //共阳极 8 段数码管字形码

unsigned char Seg_buff[4];
unsigned int msec,dsec,sec;
volatile char Flag=0;                 //控制显示，由于未在中断函数中改变，应加 volatile 关键字
volatile unsigned char GB_Number;     //全局变量，传递数据
#define baud         9600             //通信波特率

/****************************************************/
/******   函数名称：usart_send()              ******/
/******   功    能：向串口发送字符程序         ******/
/******   参    数：byte——待发送的数据        ******/
/******   返回值  ：无                        ******/
/****************************************************/
void usart_send(unsigned char byte)
{
    while(!(UCSRA&(1<<UDRE)));        //判断上次发送有没有完成
    UDR=byte;                         //写数据到发送寄存器
}
/****************************************************/
/******   函数名称：usart_rec()               ******/
/******   功    能：接受串口发送字符程序        ******/
/******   参    数：无                        ******/
/******   返回值  ：接受的数据                 ******/
/****************************************************/
unsigned char usart_receive(void)
{
    unsigned char temp;
    while(!(UCSRA&(1<<RXC)));         //判断数据接收有没有完成
    temp=UDR;                         //读取接收到的数据
    return temp;
}
```

```
/************************************************************/
/******    函数名称: usart_init()              ******/
/******    功    能: uart 初始化函数            ******/
/******    参    数: 无                         ******/
/******    返回值 : 无                          ******/
/************************************************************/
void usart_init(void)
{
    UCSRB=(1<<RXCIE)|(1<<RXEN)|(1<<TXEN);        //允许发送和接收
    UBRRL=(F_CPU/(16*baud)-1)%256;               //设置波特率寄存器低位字节
    UBRRH=(F_CPU/(16*baud)-1)/256;               //设置波特率寄存器高位字节
    UCSRC=(1<<URSEL)|(1<<UCSZ1)|(1<<UCSZ0);      //选择 UCSRC，异步模式
                                                 //禁止校验，1 位停止位，8 位数据位
    DDRD|=0X02;                                  //配置 TX 为输出（很重要）
}
/************************************************************/
/******    函数名称: ISR(USARTRXT_vect)        ******/
/******    功    能: 串口数据接收中断函数，      ******/
/******              并把接受的数据显示出来      ******/
/******    参    数: 无                         ******/
/******    返回值 : 无                          ******/
/************************************************************/
ISR(USARTRXT_vect)
{
    GB_Number=UDR;                               //接受对方发送的数据
    if( GB_Number)
        Flag=1;
    else
        Flag=0;

}


/************************************************************/
/******    函数名称: play()                     ******/
/******    功    能: 串行显示函数               ******/
/******              并把接受的数据显示出来      ******/
/******    参    数: unsigned char data         ******/
/******    返回值 : 无                          ******/
/************************************************************/
void play(unsigned char data)
{
    unsigned char j;
    for(j=0;j<8;j++)
    {
        clkl;
        if(data&0x80)
            dath;
        else
            datl;
        clkh;
        data<<=1;
    }
}
```

```
/*定时器 0 服务函数，定时 4ms 并计算跑表逻辑*/
ISR(TIMER0_OVF_vect)
{
    TCNT0=0x83;
    if(Flag)
    {
        msec++;
        if(msec>25)
        {
            dsec++;                           //0.1s 计数标识自动加 1
            if(dsec>5999) dsec=0;             //超过 9min59.9s 自动清零
            msec=0;                           //4ms 计数标志清零
        }
        if(dsec==600) usart_send(0x01);       //秒表超过 1 分钟，给系统远程报警系统发送报警指令
        Seg_buff[0]=dsec%10;
        sec=dsec/10;
        Seg_buff[1]=sec%60%10;                //取个位秒数数码管显示数值存入数组
        Seg_buff[2]=sec%60/10;                //取十位秒数数码管显示数值存入数组
        Seg_buff[3]=sec/60;                   //取分钟数数码管显示数值存入数组
    }
}
int main()
{
    DDRB|=0x03;
    PORTB|=0x04;
    DDRD&=0xf7;
    PORTD|=0x08;

    cli();

                                              //定时器部分初始化
    TCCR0=0x04;                               //内部 8MHz  265 分频
    TCNT0=0x83;                               //4ms 溢出一次，0x83 = 131，溢出值 256 -131 =125
    TIMSK=0x01;                               //溢出中断使能
    usart_init();                             //串口通信端口及寄存器初始化
    sei();

    while(1)
    {
        if(Flag)                              //控制显示否
        {
            play(led_table[Seg_buff[0]]);
            play(led_table[Seg_buff[1]]&0x7f);
            play(led_table[Seg_buff[2]]);
            play(led_table[Seg_buff[3]]&0x7f);
        }

        _delay_ms(100);
    }
}
```

五、项目实施

1. 根据元器件清单选择合适的元器件。

2. 根据硬件设计原理图，在万能电路板进行元器件布局，并进行系统 A、B 双系统的焊接工作。

3. 焊接完成后，重复进行线路检查，防止短路、虚接现象。

4. 用 AVR Studio 软件分别创建项目 A、B，输入源代码并生成各自的*.hex 文件。

5. 用线缆将焊接好的系统 A、B 双系统的串行接口进行硬件连接（TXD、RXD 交叉连接）。

6. 在确认硬件电路正确的前提下，通过 JTAG 仿真器进行程序的下载与硬件在线调试。

任务三 多单片机间通信

一、任务要求

利用 ATmega16 单片机内部的 USART 串行通信功能，实现对 3 个单片机系统之间的数据通信。通过主控制系统 A 可以控制从机系统 B、C 秒表的启停，并在主控系统 A 上显示从机系统是否启动成功。

二、硬件设计

系统 A 作为主机，系统 B、C 作为从机，连接硬件电路时需要把主机的数据输出 TXD 分别连接从机系统的数据输入 RXD 管脚；主机系统的数据输入 RXD 连接从机系统的数据输出 TXD。同时需要注意的是，需要在主从机系统靠近数据输出端口设置一个二极管，朝向如图 10-9 所示，主要是为了避免在多机通信过程中产生相互的干扰。

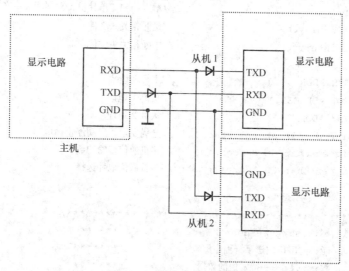

图 10-9　硬件连线示意图

三、程序设计

系统 A、B、C 通信程序设计思路都是采用中断方式进行程序设计的，首先对系统 A、B、C 串行通信模块 USART 相应寄存器进行设置，通过寄存器 UBRRL、UBRRH 设置波特率为 9600bit/s。同时在多机通信过程中需要特别注意多处理器通信模式的设定。

置位 UCSRA 的多处理器通信模式位（MPCM）可以对 USART 接收器接收到的数据帧进行过滤。那些没有地址信息的帧将被忽略，也不会存入接收缓冲器。如果接收器所接收的数据帧长度为 9 位，那么由第 9 位（RXB8）来确定是数据还是地址信息。如果确定帧类型的位（第 1 个停止位或第 9 个数据位）为 "1"，那么这是地址帧，否则为数据帧。下面即为在多处理器通信模式下进行数据交换的步骤。

① 所有从处理器都工作在多处理器通信模式（UCSRA 寄存器的 MPCM 置位）。

② 主处理器发送地址帧后，所有从处理器都会接收并读取此帧。从处理器 UCSRA 寄存器的 RXC 正常置位。

③ 每一个从处理器都会读取 UDR 寄存器的内容，以确定自己是否被选中。如果选中，就清零 UCSRA 的 MPCM 位，否则它将等待下一个地址字节的到来，并保持 MPCM 为 "1"。

④ 被寻址的从处理器将接收所有的数据帧，直到收到一个新的地址帧。而那些保持 MPCM 位为 "1" 的从处理器将忽略这些数据。

⑤ 被寻址的处理器接收到最后一个数据帧后，它将置位 MPCM，并等待主处理器发送下一个地址帧。然后重复进行第 2 步之后的步骤。

四、参考程序

1. 主机程序

```
#define F_CPU 8000000UL                    //使用内部晶振 8MHz
#define baud 9600                          //通信波特率

#include <avr/io.h>                        //ATmega16单片机寄存器相关头文件
#include <util/delay.h>                    //延时相关头文件
#include <avr/interrupt.h>                 //中断相关头文件

#define  MASTER_ADDRESS 0                  //主机地址
#define  SLAVE1_ADDRESS 1                  //从机1地址
#define  SLAVE2_ADDRESS 2                  //从机2地址
volatile unsigned char start1,start2;      //全局变量，启动停止标识
volatile unsigned char GB_Number;          //多机通信传输的数据
volatile unsigned char GB_Address;         //多机通信地址选择


/**********************************************************/
/******  函数名称：usart_senddata()            ******  /
/******  功    能：向串口发送字符程序          ******/
/******  参    数：byte——待发送的数据         ******/
/******  返回值  ：无                          ******/
```

```
void usart_senddata(unsigned char byte)
{
    while(!(UCSRA&(1<<UDRE)));              //判断上次发送有没有完成
    UCSRB&=~(1<<TXB8);                      //清除地址帧标志(发送数据帧)
    UDR=byte;                              //写数据到发送寄存器
}
/*************************************************************/
/******    函数名称: usart_sendaddress()
/******    功    能: 向串口发送地址帧程序
/******    参    数: byte——待发送的地址
/******    返回值  : 无
/*************************************************************/
void usart_sendaddress(unsigned char byte)
{
    while(!(UCSRA&(1<<UDRE)));              //判断上次发送有没有完成
    UCSRB|=(1<<TXB8);                      //写地址帧标志(发送地址帧)
    UDR=byte;                              //写数据到发送寄存器
}


/*************************************************************/
/******    函数名称: usart_init()               ******/
/******    功    能: UART 初始化函数            ******/
/******    参    数: 无                          ******/
/******    返回值  : 无                          ******/
/*************************************************************/
void usart_init(void)
{
    UCSRB=(1<<RXEN)|(1<<TXEN)|(1<<UCSZ2);  //允许发送和接收
    UBRRL=(F_CPU/(16*baud)-1)%256;          //设置波特率寄存器低位字节
    UBRRH=(F_CPU/(16*baud)-1)/256;          //设置波特率寄存器高位字节
    UCSRC=(1<<URSEL)|(1<<UCSZ1)|(1<<UCSZ0);
                        //选择 UCSRC, 异步模式, 禁止校验, 1 位停止位, 9 位数据位
    DDRD&=~_BV(0);                         //USART 端口定义
    PORTD|=_BV(0);
    DDRD|=_BV(1);
    PORTD|=_BV(1);
}


void int1_init()
{
        MCUCR|=_BV(ISC11)|_BV(ISC10);       //外部中断 1 触发方式: 上升沿产生异步中断请求
        GIFR|=_BV(INTF1);
        GICR|=_BV(INT1);
        DDRD&=~_BV(3);                      //设置外部中断 1 管脚(PD3)作为输入
        PORTD|=_BV(3);                      //上拉电阻使能
}
//---外部中断 2 初始化---
```

```
void int2_init()
{
        MCUCSR|=_BV(ISC2);                      //up    ISC2=1 up    ISC2=0down
        GIFR|=_BV(INTF2);
        GICR|=_BV(INT2);
        DDRB&=~_BV(2);                          //设置外部中断 2 管脚（PB2）作为输入
        PORTB|=_BV(2);                          //上拉电阻使能
}


//------------选择 1 号从机通信----
ISR(INT1_vect)
{
        GB_Address=SLAVE1_ADDRESS;              //1 代表地址
        if(start1)
            start1=0x00;                        //停止指令
        else
            start1=0x01;                        //启动指令
        usart_sendaddress(GB_Address);          //发送从机地址
        usart_senddata(start1);                 //发送启动停止指令
}
//-----------选择 2 号从机通信------
ISR(INT2_vect)
{
        GB_Address=SLAVE2_ADDRESS;              //2 代表地址
        if(start2)
            start2=0x00;                        //停止指令
        else
            start2=0x01;                        //启动指令
        usart_sendaddress(GB_Address);          //发送从机地址
        usart_senddata(start2);                 //发送启动停止指令
}
ISR(USART_RXC_vect)                             //串行接收完成中断服务函数
{
        GB_Number=UDR;                          //接收数据
        if(GB_Number==0x11) PORTC|=_BV(1);      //点亮 PC1 管脚小灯表示从机 1 成功启动秒表
        if(GB_Number==0x10);PORTC&=~_BV(1);     //点亮 PC1 管脚小灯表示从机 1 成功停止秒表
        if(GB_Number==0x21);PORTC|=_BV(2);      //点亮 PC2 管脚小灯表示从机 2 成功启动秒表
        if(GB_Number==0x20);PORTC&=~_BV(2);     //点亮 PC2 管脚小灯表示从机 2 成功停止秒表
}
int  main()
{
        DDRC|=0X06;                             //置位 PC1、PC2 为输出，表示 1、2 从机启动是否成功
        cli();
        usart_init();                           //通信初始化
        int1_init();                            //中断初始化
        int2_init();
```

```
        sei();
        while(1);
}
```

2. 从机程序

```
#define F_CPU 8000000 UL          //使用内部晶振 8MHz
#include <avr/io.h>               //ATmega16 单片机寄存器相关头文件
#include <util/delay.h>           //延时相关头文件
#include <avr/interrupt.h>        //中断相关头文件

#define dath PORTB|=_BV(1)        //串行显示数据端口为高电平
#define datl PORTB&=~_BV(1)       //串行显示数据端口为低电平
#define clkh PORTB|=_BV(0)        //串行显示时钟端口为高电平
#define clkl PORTB&=~_BV(0)       //串行显示时钟端口为低电平

const unsigned char led_table[16]={0xC0,0xF9,0xA4,0xB0,0x99,0x92,0x82,0xF8,0x80,
0x90,0x88,
0x83,0xC6,0xA1,0x86,0x8E};        //共阳极 8 段数码管字形码

unsigned char Seg_buff[4];
unsigned int msec,dsec,sec;
volatile char Flag=0;             //控制显示由于未在中断函数中改变, 应加 volatile 关键字

volatile unsigned char GB_Number;  //全局变量, 传递数据
volatile unsigned char GB_Address; //全局变量, 接收地址

#define  SLAVE_ADDRESS 1          //本、从机地址设置(1 号机)
#define baud   9600               //通信波特率
#define ENABLE_MPCM  UCSRA|=(1<<MPCM)     //使能多处理器通信模式
#define DISABLE_MPCM UCSRA&=~(1<<MPCM)    //取消多处理器通信模式

void usart_init(void)             //UART 初始化函数
{
        ENABLE_MPCM;              //使能多处理器通信模式(多机通信非常重要)
        UCSRB=(1<<RXCIE)|(1<<RXEN)|(1<<TXEN);    //使能接收中断, 允许发送和接收
        UBRRL=(F_CPU/(16*baud)-1)%256;   //设置波特率寄存器低位字节
        UBRRH=(F_CPU/(16*baud)-1)/256;   //设置波特率寄存器高位字节
        UCSRC=(1<<URSEL)          //选择 UCSRC, 异步模式, 禁止校验, 1 位停止位,
             |(UCSZ2)|(1<<UCSZ1)|(1<<UCSZ0); //9 位数据位

        DDRD&=~_BV(0);            //USART 端口定义
        PORTD|=_BV(0);
        DDRD|=_BV(1);
        PORTD|=_BV(1);
}
void timer1_init()                //定时器 1 初始化
```

```
{
    TCCR0=0x04;                              //内部 8M  265 分频
    TCNT0=0x83;                              //4ms 溢出一次,0x83 = 131,溢出值 256 -131 =125
    TIMSK=0x01;                              //溢出中断使能
}
void play(unsigned char data)                //串行显示函数
{
    unsigned char j;
    for(j=0;j<8;j++)
    {
        clkl;
        if(data&0x80)
            dath;
        else
            datl;
        clkh;
        data<<=1;
    }
}
unsigned char usart_receive(void)            //串行接收函数
{
    unsigned char temp;
    while(!(UCSRA&(1<<RXC)));                 //判断接收数据有没有完成
    temp=UDR;                                 //读取接收到的数据
    return temp;
}
void usart_senddata(unsigned char byte)      //发送数据函数
{
    while(!(UCSRA&(1<<UDRE)));                //判断上次发送有没有完成
    UCSRB&=~(1<<TXB8);
    UDR=byte;                                 //写数据到发送寄存器
}
ISR(TIMER0_OVF_vect)                         //定时器 0 服务函数，定时 4ms 并计算跑表逻辑
{
    TCNT0=0x83;
    if(Flag)
    {
        msec++;
        if(msec>25)
        {
            dsec++;                           //0.1s 计数标识自动加 1
            if(dsec>5999) dsec=0;             //超过 9min59.9s 自动清零
            msec=0;                           //4ms 计数标识清零
        }
        Seg_buff[0]=dsec%10;
        sec=dsec/10;
        Seg_buff[1]=sec%60%10;                //取个位秒数数码管显示数值存入数组
        Seg_buff[2]=sec%60/10;                //取十位秒数数码管显示数值存入数组
```

```
          Seg_buff[3]=sec/60;                 //取分钟数数码管显示数值存入数组
     }
}
ISR(USART_RXC_vect)                           //串行接收完成中断服务函数
{
     GB_Address=UDR;                          //接受地址帧
     if(GB_Address==SLAVE_ADDRESS)            //和本机地址相同
     {
          DISABLE_MPCM;                       //取消多处理器通信模式
          GB_Number=usart_receive();          //接收数据
          if(GB_Number)
          {
               Flag=1;                        //表示秒表启动
               usart_senddata(0x11); //向主机发送启动标示，如2号从机 usart_senddata(0x21);
          }

          else
          {
               Flag=0;                        //表示秒表停止
               usart_senddata(0x10); //向主机发送停止标示，如2号从机 usart_senddata(0x20);
          }
          ENABLE_MPCM;                        //继续开启多处理器通信模式
     }
}

int main()
{
          DDRB|=0x03;                         //串行显示数据端口，时钟端口设置为输出
          PORTB|=0x04;
          cli();
          timer1_init();                      //定时器1初始化
          usart_init();                       //串行异步通信初始化
          sei();
          while(1)
          {
               play(led_table[Seg_buff[0]]);
               play(led_table[Seg_buff[1]]&0x7f);
               play(led_table[Seg_buff[2]]);
               play(led_table[Seg_buff[3]]&0x7f);
               _delay_ms(100);
          }
}
```

五、项目实施

1. 根据元器件清单选择合适的元器件。

2. 根据硬件设计原理图，在万能电路板进行元器件布局，并进行系统 A、B、C 三系统的焊接工作。

3. 焊接完成后，重复进行线路检查，防止短路、虚接现象。

4. 用 AVR Studio 软件分别创建项目 A、B、C，输入源代码并生成各自的*.hex 文件。

5. 用线缆将焊接好的系统 A、B、C 系统的串行接口进行硬件连接。

6. 在确认硬件电路正确的前提下，通过 JTAG 仿真器进行程序的下载与硬件在线调试。

任务四　PC 机与单片机串口通信

一、任务要求

利用 ATmega16 单片机内部的 USART 串行通信功能，实现对单片机系统与 PC 机之间的数据通信。单片机接收 PC 机传输过来的数据，将接收到的数据通过小灯显示出来。

二、硬件设计

如图 10-10 所示，ATmega16 单片机为硬件原理图的核心器件。PC 口接有小灯，用于显示接收到的数据。单片机通过电平转换芯片 MAX232 与 PC 机相连，MAX232 芯片只画出了主要管脚的连接线路。PC 机通过串口调试软件发送数据，单片机接收到数据之后，通过 PC 口小灯显示出来。

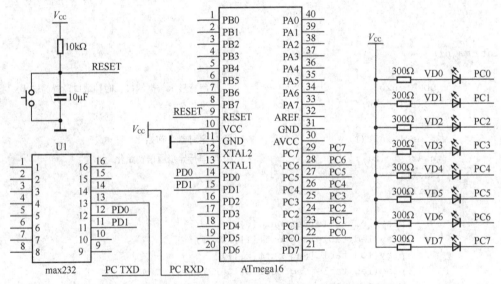

图 10-10　单片机与 PC 机之间的异步串行通信电路原理图

三、程序设计

1. RS-232C 异步串行通信接口的概述

RS-232C 是使用最早、应用最多的一种异步串行通信总线标准。它是美国电子工业协会（EIA）于 1962 年公布、1969 年最后修定而成的。其中，RS 表示 Recommended Standard，232 是该标准的标识号，C 表示最后一次修定。

RS-232 主要用来定义计算机系统的一些数据终端设备（DTE）和数据电路终端设备（DCE）之间的电器性能。例如，CRT、打印机与 CPU 的通信大多采用 RS-232 接口，MCS-51 单片机PC 机的通信也是采用该种类型的接口。由于 MCS-51 系列单片机本身有一个全双工的串行接口，因此该系列单片机用 RS-232 串行接口总线非常方便。

RS-232C 串行接口总线适用于：设备之间的通信距离不大于 15m，传输速率最大为 20kbit/s。

2. RS-232C 异步串行通信信息格式标准

RS-232C 采用串行格式，如图 10-11 所示。该标准规定：信息的开始为起始位，信息的结束为停止位；信息本身可以是 5、6、7、8 位再加一位奇偶校验位。如果两个信息之间无信息，则写"1"，表示空。

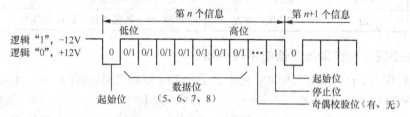

图 10-11　RS-232C 信息格式

3. RS-232C 总线规定

RS-232C 标准 D 型 9 芯插头座各引脚的排列如图 10-12 所示。引脚信号功能见表 10-5。在最简单的全双工系统中，仅用发送数据、接收数据和信号地 3 根线即可。对于单片机，利用其 RXD（串行数据接收端）线、TXD（串行数据发送端）线和一根地线，就可以构成符合 RS-232C 接口标准的全双工通信口。

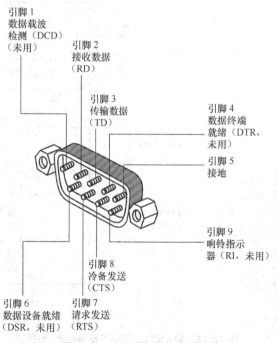

图 10-12　9 芯插头座引脚图

表 10-5   RS-232C 9 芯插头座引脚信号功能

引脚号	信号名称	方向	信号功能
1	DCD	PC 机←对方	PC 机收到远程信号（载波检测）
2	RXD	PC 机←对方	PC 机接收数据
3	TXD	PC 机→对方	PC 机发送数据
4	DTR	PC 机→对方	PC 机准备就绪
5	GND	—	信号地
6	DSR	PC 机←对方	对方准备就绪
7	RTS	PC 机→对方	PC 机请求发送数据
8	CTS	PC 机←对方	对方已切换到接收状态（清除发送）
9	RI	PC 机←对方	通知 PC 机，线路正常（振铃指示）

4. RS-232C 异步串行通信电平转换器

RS-232C 规定了自己的电器标准，由于它是在 TTL 电路之前研制的，所以其电平不是+5V 和地，而是采用负逻辑，即逻辑"0"—— +5～+15V，逻辑"1"—— −5～−15V。因此，RS-232C 不能和 TTL 电平直接相连，使用时必须进行电平转换，否则将使 TTL 电路烧坏，实际应用时 必须注意这点！常用的电平转换集成电路是传输线驱动器 MC1488 和传输线接收器 MC1489。 MCS1488 内部有 3 个与非门和一个反向器，供电电压为±12V，输入为 TTL 电平。

另一种常用的电平转换电路是 MAX232，本书所配套的实训系统中就采用该芯片。图 10-13 所示为 MAX232 的引脚图及结构原理图。

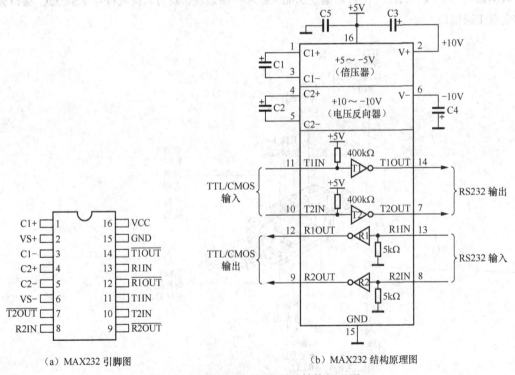

(a) MAX232 引脚图   (b) MAX232 结构原理图

图 10-13   MAX232 引脚图及结构原理图

5. 串口调试助手软件的功能及简单使用方法

（1）串口调试精灵简单介绍。串口调试助手是用 VC 编写的，运行时不需要其他任何文件，完全绿色软件，方便跨平台使用。极好的串口调试程序，稳定用于 Win9X/NT 平台，能提高工作效率，使串口调试能够方便透明地进行。它可以在线设置各种通信速率、奇偶校验、通信口而无需重新启动程序。发送数据可发送十六进制（HEX）格式和 ASCII 码，可以设置定时发送的数据以及时间间隔。可以自动显示接收到的数据，支持 HEX 或 ASCII 码显示，是工程技术人员监视、调试串口程序的必备工具。

在这个项目中，我们用串口调试助手从 PC 机发数据给单片机，完成单片机与 PC 机之间的异步串行通信。

（2）串口调试助手的简单使用说明。串口调试助手运行界面如图 10-14 所示。

① PC 机串行通信口选择设置。单击下拉三角，可设置选择不同的串行通信口。

② 波特率设置。单击下拉三角，可设置串行通信的波特率。

③ 校验位设置。可设置有无校验。

④ 数据位设置。设置串行通信的传送数据位数。

⑤ 停止位数设置。设置串行通信的停止位数。

⑥ 选择设置发送数据的格式。设置发送数据格式为十六进制或十进制。

⑦ 设置发送数据时间间隔。

⑧ 接收数据显示区域。

⑨ 发送数据显示区域。

⑩ 设置接收数据显示格式。

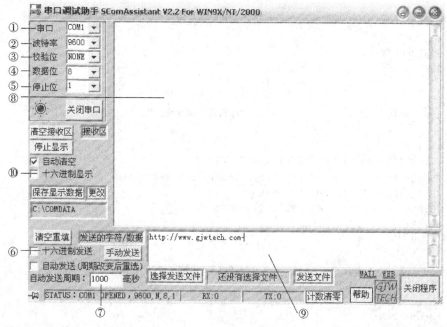

图 10-14　串口调试助手界面

6. 程序流程图

单片机与 PC 机进行通信需要保持两者数据通信的格式一致，PC 机通过串口调试助手即可完成，如图 10-14 所示。单片机则需要在串行通信初始化程序中对波特率（9600bit/s）、校验位、数据位、停止位进行相应编程。单片机完成初始化后进入动态暂停等待 PC 机发送数据，一旦接收完成自动进入串行中断程序，然后根据接收到的数据进行相应 LED 彩灯亮灭设置。程序流程图如图 10-15 所示。

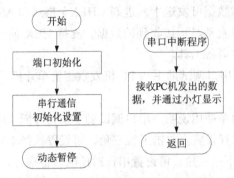

图 10-15　单片机与 PC 机之间的异步串行通信程序流程图

四、参考程序

```
#define F_CPU 8000000 UL          //使用内部晶振 8MHz
#include <avr/io.h>               //AVR 单片机相关寄存器头文件
#include <util/delay.h>           //延时头文件
#include <avr/interrupt.h>        //中断头文件
#define baud  9600                //通信波特率
unsigned char get_num=0;

void port_int()                   //端口初始化设置
{
    PORTC=0xff;
    DDRC=0xff;
}

void uart_init()                  //串口通信初始化设置
{
    cli();
    UCSRB=(1<<RXEN)|(1<<TXEN)|(1<<RXCIE);
    UBRRL=(fosc/16/(baud+1))%256;  //波特率设置为 9600bit/s
    UBRRH=(fosc/16/(baud+1))/256;
    UCSRC=(1<<URSEL)|(1<<UCSZ1)|(1<<UCSZ0);
    sei();
}

unsigned char getchar()           //接收 PC 机所发送过来的数据
{
    while(!(UCSRA&(1<<RXC)));
    return UDR;
}

ISR(USARTUDRE_vect)               //读出接收缓冲器中的数据，并显示
{
```

```
        get_num=getchar();
        PORTC=get_num;
}
int main()                          //主函数
  {
        port_int();
        uart_init();
        while(1);
  }
```

五、项目实施

1. 根据元器件清单选择合适的元器件。

2. 根据硬件设计原理图，在万能电路板进行元器件布局，并进行系统的焊接工作。

3. 焊接完成后，重复进行线路检查，防止短路、虚接现象。

4. 用 AVR Studio 软件分别创建项目，输入源代码并生成*.hex 文件。

5. 用串行通信线将焊接好的系统与 PC 机的串行接口进行硬件连接。

6. 在确认硬件电路正确的前提下，通过 JTAG 仿真器进行程序的下载与硬件在线调试。

7. 打开串行助手软件，PC 与单片机进行串行通信调试。

【知识目标】

了解 SPI 串行通信总线

掌握 SPI 串行通信协议

了解 ATmega16 单片机 SPI 串行通信接口结构

了解与 SPI 串行通信有关的寄存器的功能

了解 TLC5615D/A 芯片

【能力目标】

掌握 ATmega16 单片机的 SPI 串行通信接口相关寄存器的配置方法

掌握 TLC5615D/A 芯片的使用方法

掌握简单的单片机 SPI 串行通信总线系统程序的编写、调试方法

任务一　项目知识点学习

一、SPI 概述

串行外设接口（Serial Peripheral Interface，SPI）总线系统是一种同步串行外设接口，允许 MCU 与各种外围设备以串行方式进行通信、数据交换。外围设备包括 FLASHRAM、A/D 转换器、网络控制器、MCU 等。SPI 系统可直接与各个厂家生产的多种标准外围器件直接接口，一般使用 4 条线——串行时钟线（SCK）、主机输入/从机输出数据线 MISO、主机输出/从机输入数据线 MOSI 和低电平有效的从机选择线 SS（有的 SPI 接口芯片带有中断信号线 INT 或 INT，有的 SPI 接口芯片没有主机输出/从机输入数据线 MOSI）。

二、ATmega16 单片机 SPI 接口控制与数据传输过程

1. 控制与传输过程

图 11-1 所示为 SPI 数据传输系统的结构方框图。SPI 的数据传输系统由主机和从机两个部分构成，主要由主、从机双方的两个移位寄存器和主机 SPI 时钟发生器组成，主机为 SPI 数据传输的控制方。由 SPI 的主机将 SS 输出线拉低，作为同步数据传输的初始化信号，通知从机进入传输状态。然后主机启动时钟发生器，产生同步时钟信号 SCK；预先将两个移位寄存器中的数据在 SCK 的驱动下进行循环移位操作，实现了主 – 从之间的数据交换。主机的数据由 MOSI（主机输出 – 从机输入）进入从机，而同时从机的数据 MISO（主机输入 – 从机输出）进入主机。数据传送完成，主机将 SS 线拉高，表示传输结束。

SPI 接口的设置可分为主机和从机两种模式，两种不同的模式下 SPI 通信均有自己的特点。下面分别对这两种模式的工作过程作简单的介绍。

（1）SPI 接口设置为主机方式。当 SPI 接口设置为主机方式时，其硬件接口电路不会自动控制 SS 引脚。这样，在 SPI 进行通信前，软件将 SS 引脚电平拉低（SS 输出 "0"）。然后，将数据写入主机 SPI 数据寄存器 SPDR 中，主机 SPI 口将自动启动时钟发生器，在硬件电路的控制下，将数据移位 8 次并通过 MOSI 送出，由 MISO 移入数据。在移出一个数据后，SPI 时钟发生器停止，并置位 SPI 传送停止标志位 SPIF，在中断允许位 SPIE 为 "1" 的条件下，可产生中断请求。在一个字节数据传送周期结束后，可按原来的方法继续进行数据传送，也可将 SS 置 "1" 表示整个数据包传送完成。

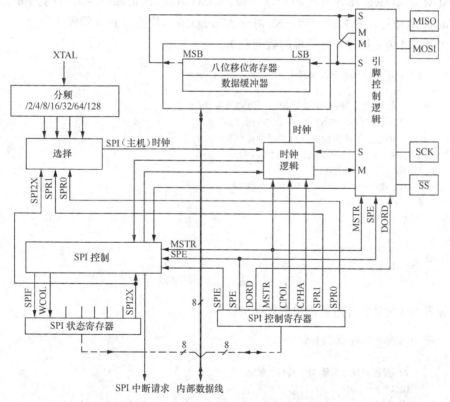

图 11-1　ATmega16 SPI 结构方框图

（2）SPI 接口设置为从机方式。当 SPI 口设置为从机模式时，从机的 SS 口由外部引脚驱动。当 SS 被外部拉高时，MISO 为高阻三态，SPI 接口处于睡眠模式。从机软件可以更新 SPI 数据寄存器 SPDR 中的数据，但不会在 SCK 的作用下做移位操作。只有在 SS 被外部拉低时，SPDR 中的数据才能在 SCK 的作用下移出。在一个字节移出后，置位停止传送标志位 SPIF，在中断允许位为 "1" 的条件下，可产生中断请求。在一个字节传送结束后，从机程序可在读取移入的数据前将需要移出的数据写入 SPI 数据寄存器 SPDR。最后一字节从 SPDR 寄存器中移出的数据将被保留。

SPI 接口使能时，MOSI、MISO、SCK 和 SS 引脚的控制与数据方向见表 11-1。

表 11-1　　　　　　　**MOSI、MISO、SCK 和 SS 引脚的控制与数据方向表**

引脚	方向（主 SPI）	方向（从 SPI）
MOSI	用户定义	输入
MISO	输入	用户定义
SCK	用户定义	输入
SS	用户定义	输入

2. SPI 初始化及数据传送程序示例

下面将以 ATmega16 单片机为例说明如何将 SPI 设置为主机，以及如何进行简单的数据传送。MOSI 对应 ATmega16 单片机的 PB5 引脚，MISO 对应 ATmega16 单片机的 PB6 引脚，SCK 对应 ATmega16 单片机的 PB7 管脚，SS 对应 ATmega16 单片机的 PB4 管脚。

① 设置 SPI 为主机并进行简单的数据发送。

```c
void spi_masterset(void)
{
    /* 设置 MOSI 和 SCK 为输出，其他为输入 */
    DDRB = (1<<DDB5)|(1<<DDB7);
    /* 使能 SPI 主机模式，设置时钟速率为 fck/16 */
    SPCR = (1<<SPE)|(1<<MSTR)|(1<<SPR0);
}
void spi_mastertransmit(char data)
{
    /* 启动数据传输 */
    SPDR = data;
    /* 等待传输结束 */
    while(!(SPSR & (1<<SPIF)));
}
```

② 设置 SPI 为从机并进行简单的数据接收。

```c
void spi_slaveset(void)
{
    /* 设置 MISO 为输出，其他为输入 */
    DDRB = (1<<DDB6)
    /* 使能 SPI */
```

```
        SPCR = (1<<SPE);
    }
char spi_slavereceive(void)
{
    /* 等待接收结束 */
    while(!(SPSR & (1<<SPIF)));
    /* 返回数据 */
    return SPDR;
}
```

3. SS 引脚的功能

（1）从机方式。当 SPI 配置为从机时，从机选择引脚 SS 总是为输入。SS 为低将激活 SPI 接口，MISO 成为输出（用户必须进行相应的端口配置）引脚，其他引脚成为输入引脚。当 SS 为高时所有的引脚成为输入，SPI 逻辑复位，不再接收数据。SS 引脚对于数据包/字节的同步非常有用，可以使从机的位计数器与主机的时钟发生器同步。当 SS 拉高时 SPI 从机立即复位接收和发送逻辑，并丢弃移位寄存器里不完整的数据。

（2）主机方式。当 SPI 被配置为主机时（寄存器 SPCR 的 MSTR 位置"1"），用户可以决定 SS 引脚方向。如果 SS 引脚被设为输出，该引脚将作为通用输出口，不影响 SPI 系统，通常用于驱动从机的 SS 引脚。如果 SS 被设置为输入口，则必须保持高电平，以保证主机 SPI 的操作。如果在主机模式下，SS 引脚设置为输入，而且被外部电路置低，则系统认为别的主机选择自己为它的从机，并开始传递数据。为了防止数据线冲突，主机的 SPI 系统将采取以下动作。

① 寄存器 SPCR 的 MSTR 位被清除，SPI 系统由主机变成从机，同时将 MOSI 和 SCK 引脚变成输入。

② 寄存器 SPSR 中的 SPIF 位被设置，如在 SPI 中断允许的条件下，将触发引起中断。

三、ATmega16 SPI 接口相关的寄存器简单介绍

（1）SPI 控制寄存器——SPCR。

位	7	6	5	4	3	2	1	0	
	SPIE	SPE	DORD	MSTR	CPOL	CPHA	SPR1	SPR0	SPCR
读/写	R/W	R/W	R/W	R/W	R/W	R/W	R/W	R/W	
初始值	0	0	0	0	0	0	0	0	

① _BV 7—SPIE：使能 SPI 中断。置位后，只要 SPSR 寄存器的 SPIF 和 SREG 寄存器的全局中断使能位置位，就会引发 SPI 中断。

② _BV 6—SPE：使能 SPI。SPE 置位将使能 SPI。进行任何 SPI 操作之前必须置位 SPE。

③ _BV 5—DORD：数据次序。DORD 置位时数据的 LSB 首先发送，否则数据的 MSB 首先发送。

④ _BV 4—MSTR：主/从选择。MSTR 置位时选择主机模式，否则为从机。如果 MSTR 为"1"，SS 配置为输入，但被拉低，则 MSTR 被清零，寄存器 SPSR 的 SPIF 置位。用户

必须重新设置 MSTR 进入主机模式。

⑤ _BV 3—CPOL：时钟极性。CPOL 置位表示空闲时 SCK 为高电平，否则空闲时 SCK 为低电平。

⑥ _BV 2—CPHA：时钟相位。CPHA 决定数据是在 SCK 的起始沿采样还是在 SCK 的结束沿采样。

⑦ _BV1，_BV0—SPR1，SPR0：SPI 时钟速率选择"1"与"0"。确定主机的 SCK 速率。SPR1 和 SPR0 对从机模式没有影响。SCK 和振荡器频率 f_{osc} 之间的关系见表 11-2。

表 11-2
SPI 时钟 SCK 选择

SPI2X	SPR1	SPR0	SCK 频率（MHz）
0	0	0	$f_{osc}/4$
0	0	1	$f_{osc}/16$
0	1	0	$f_{osc}/64$
0	1	1	$f_{osc}/128$
1	0	0	$f_{osc}/2$
1	0	1	$f_{osc}/8$
1	1	0	$f_{osc}/32$
1	1	1	$f_{osc}/64$

（2）SPI 的状态寄存器——SPSR。

位	7	6	5	4	3	2	1	0	
	SPIF	WCOL	—	—	—	—	—	SPI2X	SPSR
读/写	R	R	R	R	R	R	R	R/W	
初始值	0	0	0	0	0	0	0	0	

① _BV 7—SPIF：SPI 中断标志。串行发送结束后，SPIF 置位。若此时寄存器 SPCR 的 SPIE 和全局中断使能位置位，SPI 中断即产生。如果 SPI 为主机，SS 配置为输入，且被拉低，SPIF 也将置位。进入中断服务程序后 SPIF 自动清零。或者可以通过先读 SPSR，紧接着访问 SPDR 来对 SPIF 清零。

② _BV 6—WCOL：写碰撞标志。在发送当中对 SPI 数据寄存器 SPDR 写数据，将置位 WCOL。WCOL 可以通过先读 SPSR，紧接着访问 SPDR 来清零。

③ _BV 5—Res～_BV 1—Res：保留。保留位，读操作返回值为零。

④ _BV 0—SPI2X：SPI 倍速。置位后 SPI 的速度加倍。若为主机，则 SCK 频率可达 CPU 频率的一半。若为从机，只能保证 $f_{osc}/4$。

（3）SPI 数据寄存器——SPDR。

位	7	6	5	4	3	2	1	0	
	MSB							LSB	SPDR
读/写	R/W	R/W	R/W	R/W	R/W	R/W	R/W	R/W	
初始值	X	X	X	X	X	X	X	X	

SPI 数据寄存器为读/写寄存器，用来在寄存器文件和 SPI 移位寄存器之间传输数据。写寄存器将启动数据传输，读寄存器将读取寄存器的接收缓冲器。

四、DA 转换芯片 TLC5615 的相关知识

1. TLC5615 的工作特性

TLC5615 是带有 3 线串行接口且具有缓冲输入的 10 位 DAC，输出可达 2 倍 Ref 的变化范围。其特点如下。

（1）5V 单电源工作。

（2）高阻抗基准输入。

（3）内部复位。

（4）3 线制串行接口。

（5）电压可达基准电压两倍。

2. TLC5615 的引脚及功能说明

TLC5615 的引脚如图 11-2 所示，各引脚功能如下。

DIN：串行数据输入端。

CS：片选信号。

AGND：模拟地。

OUT：DAC 模拟电压输出端。

SCLK：串行时钟输入端。

DOUT：串行数据输出端，用于级联。

REFIN：基准电压输入。

VCC：电源端。

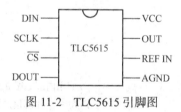

图 11-2　TLC5615 引脚图

任务二　TLC5615D/A 转换器应用

一、任务要求

利用 ATmega16 单片机的 SPI 接口输出不同的数字量，通过控制 DA 转换芯片 TLC5615 转换为不同的模拟电压值来实现 LED 小灯的渐亮、渐灭。

二、硬件设计

ATmega16 单片机与 DA 转换芯片 TLC5615 的电路连接图如图 11-3 所示。

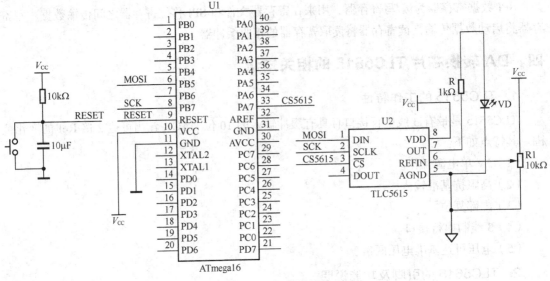

图 11-3　电路原理图

三、程序设计

ATmega16 单片机为该电路的核心控制器件，通过 SPI 同步串行传输数据的方法，向 DA 转换芯片 TLC5615 送入相关数字量，经转换后输出模拟电压量。D 为一发光二极管，通过限流电阻接于输出端。输出电压随输入数字量的变化而变化，从而实现了小灯的渐亮、渐灭，如图 11-4 所示。R1 为一个电位器，由它改变 TLC5615 DA 转换芯片的参考电压。

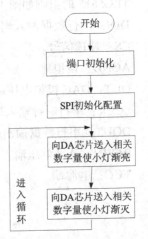

图 11-4　程序流程图

四、参考程序

```
#define F_CPU 8000000 UL              //使用内部晶振 8MHz
#include <avr/io.h>                   //AVR 单片机相关寄存器头文件
#include <util/delay.h>               //延时头文件
#include <avr/interrupt.h>            //中断头文件

#define Set_CS5615   (PORTA|=0x80)    //片选 5615 芯片
#define Clr_CS5615   (PORTA&=~0x80)   //释放 5615 芯片

void port_int()                       //初始化 CPU 端口
{
    PORTB=_BV(5)|_BV(7);
    DDRB=_BV(5)|_BV(7);
    PORTA|=_BV(7);
    DDRA|=_BV(7);
}
void Spi_Init(void)                   //初始化 SPI 接口
```

```c
{
    unsigned char i;
    DDRB|=0xb0;                              //MISO 输入 MOSI、SCK、SS 输出
    DDRB&=~0x40;
    PORTB|=0x40;                             //MISO 上拉有效
    SPSR=0x01;                               //SPI 允许,主机模式
                                             //高位在先,极性 00,1/2 系统时钟速率
    SPCR=0x50;
    i=SPSR;
    i=SPDR;                                  //清空 SPI,和中断标志,使 SPI 空闲
}
void PutSPIchar(char data)                   //用 SPI 发送数据
{
    SPDR=data;
    while(!(SPSR&(1<<SPIF)));                 //等待发送完毕
}
int  main(void)                              //main()控制 LED 亮度渐变
{
    unsigned int i;
    port_int();                              //初始化单片机
    Spi_Init();                              //初始化 SPI 接口
    while(1)                                 //无限循环
    {
        for(i=280;i<1024;i++)                //电压逐渐变高
        {
            Clr_CS5615;                      //片选 TLC5615
            PutSPIchar((unsigned char)((i&0x03c0)>>6));    //发送数据
            PutSPIchar((unsigned char)((i&0x003f)<<2));
            Set_CS5615;                      //释放 TLC5615
            _delay_ms(2);                    //延时
        }
        for(i=1023;i>280;i--)                //电压逐渐变低
        {
            Clr_CS5615;                      //片选 TLC5615
            PutSPIchar((unsigned char)((i&0x03c0)>>6));    //发送数据
            PutSPIchar((unsigned char)((i&0x003f)<<2));
            Set_CS5615;                      //释放 TLC5615
            _delay_ms(2);                    //延时
        }
    }
}
```

五、项目实施

1. 根据元器件清单选择合适的元器件。
2. 根据硬件设计原理图,在万能电路板进行元器件布局,并进行焊接工作。
3. 焊接完成后,重复进行线路检查,防止短路、虚接现象。
4. 在 AVR Studio 软件中创建项目,输入源代码并生成*.hex 文件。
5. 在确认硬件电路正确的前提下,通过 JTAG 仿真器进行程序的下载与硬件在线调试。

【知识目标】

了解 I²C 串行通信总线

掌握 I²C 串行通信协议

了解 ATmega16 单片机 I²C 串行通信接口结构

了解与 I²C 串行通信有关的寄存器的功能

了解 PCF8563 芯片

【能力目标】

掌握 ATmega16 单片机的 I²C 串行通信接口相关寄存器的配置方法

掌握 PCF8563 无线通信模块方法

掌握简单的单片机 I²C 串行通信总线系统程序的编写、调试方法

任务一　双向两线串行总线 I²C 知识认知

一、I²C 总线概述

I²C 总线是 INTER-IC 串行总线的缩写。它是由 PHILIPS 公司开发的两线式串行总线，用于连接微控制器及其外围设备。I²C 总线产生于 20 世纪 80 年代，最初为音频和视频设备开发，现在主要在服务器管理中使用，其中包括单个组件状态的通信。这种串行总线上的各单片机或集成电路模块通过一条串行数据线（SDA）和一条串行时钟线（SCL）进行信息传送。与其他形式的总线相比，I²C 总线具有可靠性好，传输速度快，结构简单等优点，因此也被广泛地应用在单片机应用系统中。

二、I²C 总线的协议

按照 I²C 总线的通信规则，每个总线上的电路模块都有地址，总线通过这个地址识别连在

总线上的器件。每个设备既可以是主控器（能控制总线，又能完成一次传输过程的初始化，并产生时钟信号及传输终止信号的器件）或被控器（被主控器寻址的器件），也可以是发送器（在总线上发送信息的器件）或接收器（从总线上接收信息的器件）。

1. I²C 总线的基本结构

通常，采用 I²C 总线标准的单片机或 IC 器件，其内部不仅有 I²C 接口电路，而且还有将内部各单元电路按功能划分的独立模块，它们通过软件寻址实现片选功能，因此减少了器件片选线的连接。总线控制设备不仅能通过指令将某个功能单元电路挂接到总线或摘离总线，还可对该单元的工作状况进行监测，从而实现对硬件系统的简单灵活的扩展与控制。I²C 总线接口电路结构如图 12-1 所示。

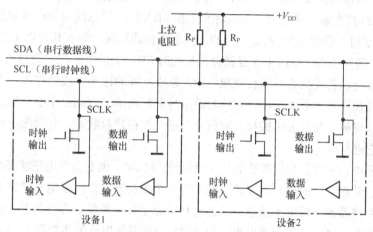

图 12-1　I²C 总线接口电路结构图

2. I²C 总线接口的特性

传统单片机的串行发送和接收都各用一条线，而 I²C 总线则根据器件的功能，并通过软件程序使其同时工作于发送或接收方式。当某个器件向总线上发送信息时，它就是发送器，而当其从总线上接收信息时，又成为接收器。

I²C 总线上的 SDA 和 SCL 均为双向 I/O 线，它们通过上拉电阻接正电源。当总线空闲时，两根线全为高电平。I²C 总线上的连接器件的输出级都为集电极或漏极开路的形式，这样总线上的数据就能实现线"与"的功能。I²C 总线在传送数据时其速率可达 100kbit/s，最高时可达 400kbit/s。

I²C 总线在进行信息传输时，若 SCL 为高电平，则 SDA 上的信息必须保持稳定不变；若 SCL 为低电平，则 SDA 上的信息允许变化。SDA 上的每一位数据都和 SCL 上的时钟脉冲相对应。由于 SCL 和 SDA 的线"与"逻辑关系，当 SCL 没有时钟信号时，SDA 上的数据也将停止传输。SCL 保持高电平期间，SDA 由高电平向低电平变化，这种状态定义为起始信号；而 SDA 由低电平向高电平变化则定义为终止信号。图 12-2 为 I²C 总线起始信号和终止信号时序图。

在 I²C 总线上，SDA 上的数据传输必须以字节为单位（最高位最先传送），每个传送字节后还必须跟随一应答位。这个应答信号由发送器发出。整个数据传送过程中，传输的字节数目是没有限制的。但是若数据传输一段时间后，接收器无法继续接收时，主控器也可以终止数据的传送。

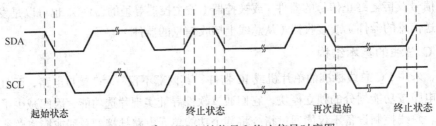

图 12-2　I²C 总线起始信号和终止信号时序图

3. I²C 总线的仲裁

I²C 总线上可以挂接多个器件，这样当两个或多个主控器同时想占用总线时，就会产生总线竞争。I²C 总线具有多主控能力，可以对发生在 SDA 线上的总线竞争产生仲裁过程，仲裁是在 SCL 为高电平时，根据 SDA 状态进行的。在总线仲裁期间，如有其他以主控器已经在 SDA 上传送低电平，则发送高电平的主控器就会发现此时 SDA 上的电平与它发送的信号不一致，这样，该主控器就自动裁决失去总线控制权。I²C 总线协议的详细仲裁过程为：当主控器在发送某个字节时，若被仲裁失去主控权，它的时钟信号继续输出，直到整个字节发送结束为止。若主控器在寻址阶段被仲裁失去主控权，它就立刻进入被控接收状态，并判断取得主控权的主控器是否正在对它进行寻址。

在仲裁过程中，一旦有主控器低电平时钟信号，则 SCL 也变为低电平状态，它将影响所有相关的主控器，并使它们的计时器复位。如果有一个主控器首先由低电平向高电平转换，这时由于还有其他主控器处于低电平状态，因此它只能处于高电平状态等待状态，直至所有主控器都结束低电平状态，SCL 才转为高电平。仲裁过程中的具体时序同步如图 12-3 所示。

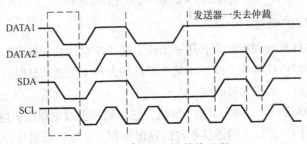

图 12-3　I²C 总线的仲裁过程

注意：在多主控器竞争仲裁过程中，各主控器向总线输出的时钟频率可以各不相同，这时总线就需要一个统一的时钟脉冲信号。I²C 总线的输出接口采用了线"与"逻辑的双向传输模式。总线的时钟同步就利用这两个特点来实现。

4. I²C 总线的数据传输

I²C 总线上的数据传输主要是以 8 位的字节进行的，其传输过程如图 12-4 所示。图中 1 时刻字节传送完成，接收器内产生中断信号；2 时刻则为当中断服务处理过程中，接收器保持低电平信号。

在 I²C 总线上，每个数据的逻辑"0"和逻辑"1"的信号电平取决于相应的正端电压。当 I²C 总线进行数据传送时，时钟信号的高电平使数据线上的数据保持稳定；而时钟信号在低电平时，数据线上的高电平或低电平状态才允许变化。

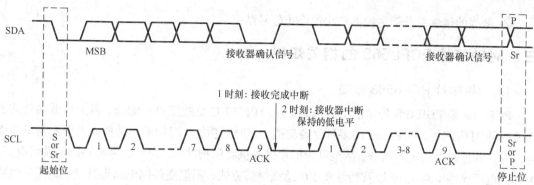

图 12-4 I²C 总线的数据传输过程

在时钟线保持高电平期间，由于数据线由高电平向低电平然变化是一种稳定的状态，所以就将其状态规定为起始条件；而时钟线保持高电平期间，数据线由低电平向高电平变化，则规定为停止条件。因此，只有 I²C 总线中的主控器件产生的起始条件和停止条件才能使总线进入"忙"或"闲"状态。

在 I²C 总线上，比特位传送字节的后面都必须有一位应答位，并且数据是以最高有效位首先发出的。由于进行数据传输的接收器收到一个完整的数据字节后，有可能还要进行相应的数据处理，因此，接收器也就无法立刻接收下一个字节的数据。为了解决这一问题，I²C 协议规定：接收器可以通过总线上的时钟保持为低电平，使发送器进入等待状态，直到接收器准备好接收新的数据。并释放时钟线使数据传输继续进行。

当一个字节的数据被总线上的另一个已被寻址的接收器接收后，总线上都要求产生一个确认信号，并在这一位时钟信号的高电平期间，使数据保持稳定的低电平状态，从而完成应答确认信号的输出。确认信号通常是指起始信号和停止信号，如果这个信息从一个起始字节或是总线寻址，则总线上不允许有应答信号产生。如果接收器对被寻址做出了确认应答，但在数据传输的一段时间以后，又无法继续接收更多的数据，则主控器也将停止数据的继续传送。I²C 总线的数据传输格式如图 12-5 所示。

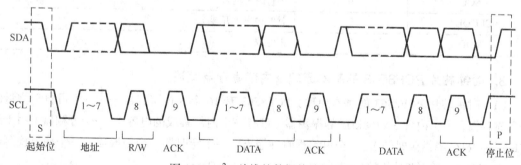

图 12-5 I²C 总线的数据传输格式图

其中，第 1～第 7 位为地址位，第 8 位为读/写位，第 9 位为应答位。

I²C 总线中，数据传输协议如下。

① 起始信号的后面总有一个被控器的地址，被控器的地址一般规定为 7 位数据。

② 数据的第 8 位是数据的传输方向位，即读/写位。在读/写位中，如果是"0"，则表示主控器向被控机发送数据，也就是执行"写"的功能；如果是"1"，则表示主控器接收被控器发来的数据，也就是执行"读"的功能。

③ 数据的传输总是随主控器产生的停止信号结束。

三、时钟芯片 PCF8563 的相关知识

1. 时钟芯片 PCF8563 概述

PCF8563 是 PHILIPS 公司推出的一款工业级内含 I²C 总线接口功能的、具有极低功耗的多功能时钟/日历芯片。PCF8563 的多种报警功能、定时器功能、时钟输出功能以及中断输出功能可以完成各种复杂的定时服务，甚至可为单片机提供看门狗功能。内部时钟电路内部振荡电路、内部低电压检测电路 1.0V 以及两线制 I²C 总线通信方式，不但使外围电路极其简洁，而且也增加了芯片的可靠性。同时每次读写数据后，内嵌的字地址寄存器会自动产生增量。当然作为时钟芯片，PCF8563 也解决了 2000 年问题。因而，PCF8563 是一款性价比极高的时钟芯片，它已被广泛用于电表、水表、气表、电话、传真机、便携式仪器以及电池供电的仪器仪表等产品领域。

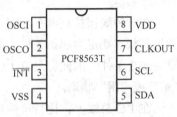

图 12-6　PCF8563 外部结构图

2. 时钟芯片 PCF8563 的外部结构及引脚功能

图 12-6 所示为时钟芯片 PCF8563 的外部结构图。

其引脚功能如表 12-1 所示。

表 12-1　　　　　　　　　　PCF8563 引脚功能

符号	管脚号	描述
OSCI	1	振荡器输入
OSCO	2	振荡器输出
$\overline{\text{INT}}$	3	中断输出（开漏；低电平有效）
VSS	4	地
SDA	5	串行数据 I/O
SCL	6	串行时钟输入
CLKOUT	7	时钟输出（开漏）
VDD	8	正电源

3. 时钟芯片 PCF8563 的基本原理及内部寄存器概述

（1）时钟芯片 PCF8563 的基本原理。PCF8563 有 16 个 8 位寄存器——一个可自动增量的地址寄存器，一个内置 32.768kHz 的振荡器（带有一个内部集成的电容），一个分频器（用于给实时时钟 RTC 提供源时钟），一个可编程时钟输出，一个定时器一个报警器，一个掉电检测器和一个 400KHz 的 I²C 总线接口。

所有 16 个寄存器设计成可寻址的 8 位并行寄存器，但不是所有位都有用。前两个寄存器（内存地址 00H，01H）用于控制寄存器和状态寄存器，内存地址 02H～08H 用于时钟计数器（秒～年计数器），地址 09H～0CH 用于报警寄存器（定义报警条件），地址 0DH 控制 CLKOUT 管脚的输出频率，地址 0EH 和 0FH 分别用于定时器控制寄存器和定时器寄存器。秒、分钟、小时、日、月、年、分钟报警、小时报警、日报警寄存器编码格式为 BCD，星期和星期报警寄存器不以 BCD 格式编码。

（2）时钟芯片 PCF8563 内部寄存器概述。PCF8563 共有 16 个寄存器，其中，00H～01H 为控制方式寄存器，09H～0CH 为报警功能寄存器，0DH 为时钟输出寄存器，0EH 和 0FH 为定时器功能寄存器，02H～08H 为秒～年时间寄存器。各位寄存器的位描述见表 12-2。

表 12-2　　　　　　　　　　　　PCF8563 内部寄存器概述

地址	寄存器名称	_BV7	_BV6	_BV5	_BV4	_BV3	_BV2	_BV1	_BV0
00H	控制/状态寄存器 1	TEST1	0	STOP	0	TESTC	0	0	0
01H	控制/状态寄存器	0	0	0	TI/TP	AF	TF	AIE	TIE
0DH	CLKOUT 输出寄存器	FE	—	—	—	—	—	FD1	FD0
0EH	定时器控制寄存器	TE	—	—	—	—	—	TD1	TD0
0FH	定时器倒计数数据寄存器	定时器倒计数数值（二进制）							
02H	秒	VL	00～59BCD 格式数						
03H	分钟	—	00～59BCD 格式数						
04H	小时	—	—	00～59BCD 格式数					
05H	日	—	—	00～31BCD 格式数					
06H	星期	—	—	—	—	—	0～6		
07H	月/世纪	C	—	—	01～12BCD 码格式数				
08H	年	00～99BCD 码格式数							
09H	分钟报警	AE	00～59BCD 码格式数						
0AH	小时报警	AE	—	00～23BCD 码格式数					
0BH	日报警	AE	—	00～31BCD 码格式数					
0CH	星期报警	AE	—	—	—	—	0～6		

注：标明"—"的位无效，详细的寄存器功能介绍可参考 PCF8563 芯片说明。

四、液晶模块介绍

LCD 是一种常用的显示器件，它是一种将液晶显示器件、连接件、集成电路、PCB 线路板、背光源、结构件装配在一起的组件。LCD 有显示容量大、耗能低、人机交流界面更加友好等优点，现在广泛应用于便携式仪器仪表、智能电器、消费类电子产品等领域。本项目将采用常用的 DM12864M 来说明 LCD 的使用。DM12864M 汉字图形点阵液晶显示模块可显示汉、字图形，内置中文字库，和单片机配合使用非常方便。

1. 管脚说明

DM12864M 是 20 管脚的接口，具体管脚介绍见表 12-3。

表 12-3　　　　　　　　　　　　　DM12864M 管脚说明

引脚号	引脚名称	方向	功能说明
1	VSS	—	模块的电源地
2	VDD	—	模块的电源正端
3	V0	—	LCD 驱动电压输入端
4	RS (CS)	H/L	并行的指令/数据选择信号；串行的片选信号
5	R/W (SID)	H/L	并行的读写选择信号，串行的数据口
6	E (CLK)	H/L	并行的使能信号，串行的同步时钟
7	DB0	H/L	数据 0
8	DB1	H/L	数据 1
9	DB2	H/L	数据 2
10	DB3	H/L	数据 3
11	DB4	H/L	数据 4
12	DB5	H/L	数据 5
13	DB6	H/L	数据 6
14	DB7	H/L	数据 7
15	PSB	H/L	并/串行接口选择，H—并行，L—串行
16	NC		空脚
17	/RET	H/L	复位，低电平有效
18	NC		空脚
19	LED_A	-	背光源正极（LED+5V）
20	LED_K	-	背光源负极（LED-0V）

2. 接口时序

模块有并行和串行两种连接方法。

（1）模块并行连接方法的时序图。

① 并行连接时单片机写资料到模块的时序图如图 12-7 所示。

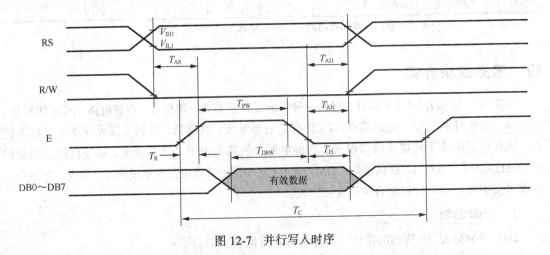

图 12-7　并行写入时序

② 并行连接时单片机从模块读出资料的时序图如图 12-8 所示。

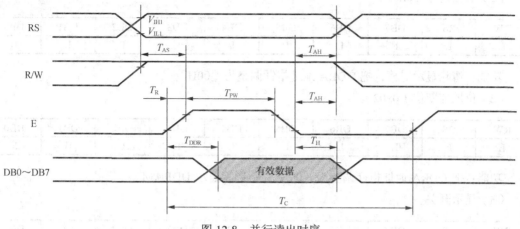

图 12-8　并行读出时序

（2）LCD 模块 3 线串行时序图。

串行数据传送共分 3 个字节完成，如图 12-9 所示。

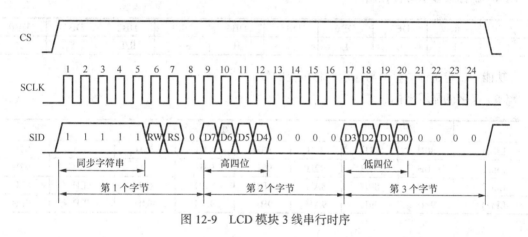

图 12-9　LCD 模块 3 线串行时序

① 第 1 字节：串口控制——格式 11111ABC。

A 为数据传送方向控制，H 表示数据从 LCD 到 MCU，L 表示数据从 MCU 到 LCD。

B 为数据类型选择，H 表示数据是显示数据，L 表示数据是控制指令。

C 固定为 0。

② 第 2 字节：（并行）8 位数据的高 4 位——格式 DDDD0000。

③ 第 3 字节：（并行）8 位数据的低 4 位——格式 0000DDDD。

例如，需要从单片机送显示数据 1010 0110 到 LCD。首先必须送出 1111 1010，表示从 MCU 到 LCD 的显示数据。然后把 1010 0110 分成高低各 4 位 1010 0000 和 0000 0110 分别送出，共 3 个字节。

注意：液晶 128×64 有支持串行的，有不支持的。一般情况下型号以 "M" 结尾的为支持串行的（如 DM12864M），在选购时一定要注意。

3．控制指令

（1）清除指令（0x01）。

RW	RS	DB7	DB6	DB5	DB4	BD3	DB2	DB1	DB0
L	L	L	L	L	L	L	L	L	H

功能：清除显示屏幕，把 DDRA 地址指针调整为 "00H"。

（2）位地址归位（0x02）。

RW	RS	DB7	DB6	DB5	DB4	DB3	DB2	DB1	DB0
L	L	L	L	L	L	L	L	H	X

功能：把 DDRA 地址指针调整为 "00H"，不影响显示 DDRAM。

（3）显示开关。

RW	RS	DB7	DB6	DB5	DB4	DB3	DB2	DB1	DB0
L	L	L	L	L	L	H	D	C	B

功能：D=1 表示整体显示开；C=1 表示游标显示开；B=1 表示游标位置显示开。

（4）游标或显示移位控制。

RW	RS	DB7	DB6	DB5	DB4	DB3	DB2	DB1	DB0
L	L	L	L	L	H	S/C	R/L	X	X

功能：设定游标的移动与显示的移位控制位。

（5）汉字的显示坐标。

	X 坐标							
Line1	80H	81H	82H	83H	84H	85H	86H	87H
Line2	90H	91H	92H	93H	94H	95H	96H	97H
Line3	88H	89H	8AH	8BH	8CH	8DH	8EH	8FH
Line4	98H	99H	9AH	9BH	9CH	9DH	9EH	9FH

任务二　应用 PCF8563 制作电子时钟

一、任务要求

利用 ATmega16 单片机的 I^2C 接口，控制 PCF8563 时钟芯片，实现数字万年历的制作。通过按键控制可以在数码管实现 "*年*月*日" 与 "*时*分*秒" 的切换显示。或直接采用 LCD 液晶屏显示 "*年*月*日*时*分*秒" 功能。

二、硬件设计

ATmega16 单片机本身带有地 I^2C 总线接口，在本项目中，为了将 I^2C 总线的数据传输工作过程给大家清晰地展示出来，我们采用单片机 I/O 口模拟 I^2C 总线接口。ATmega16 单片机与时钟芯片 PCF8563 电路连接图如图 12-10 所示。

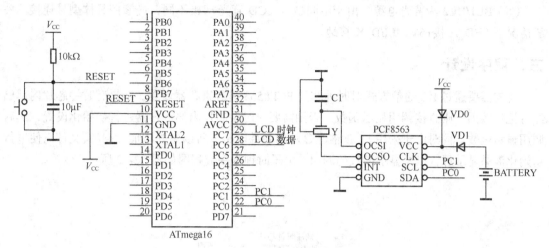

图 12-10　电路原理图

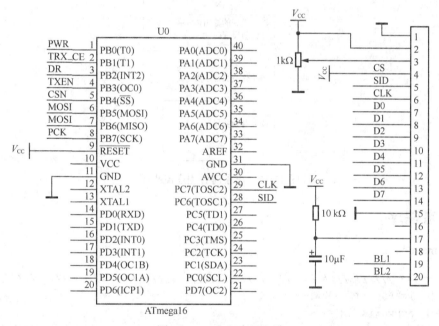

图 12-11　LCD 应用电路

原理图说明：图 12-10 中 Y 为 32.768kHz 的晶振，为时钟芯片 PCF8563 提供时钟源。C1 为起振电容，一般取值为 1～20pF。时钟芯片 PCF8563 的数据引脚 SDA 和时钟引脚 SCL 分别 与 ATmega16 单片机的 PC0、PC1 相连。PC6 和 PC7 为系统与液晶显示模块的连接接口，其中 PA4 为 LCD 背景光控制端口。

LCD 电路图如图 12-11 所示，其说明如下。

（1）连接管脚排 3 的 1k 可调电位器，用以调节字符显示的对比度。

（2）CS 片选信号，本电路直接连高电平，为串行的片选信号。

（3）SID/CLK 分别为串行数据和时钟。

（4）15 管脚为串/并选择，当为低电平时，表示为串行接口通信。

（5）17 管脚连接上电复位电路，一般接高电平，当为低电平时显示屏复位。

（6）BL1/BL2 为背光电源，由于不同型号 LCD 背光+/-极不同，应参照具体型号连接。一般情况下 LED_A 接+5V，LED_K 接地。

三、程序设计

首先需要通过 I²C 通信方式对时钟芯片 PCF8563 进行寄存器设置，如果有时钟芯片内部已经有记忆数据，则直接调用显示函数。否则需要对时钟芯片内部寄存器进行初始化设置，然后调用显示函数。同时由于采用 LCD 液晶显示的硬件电路，所以需要添加 i2c.h 头文件以便进行初始化液晶显示屏，以及显示函数的调用。电子时钟程序流程图如图 12-12 所示。

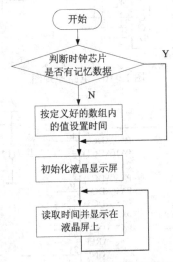

图 12-12　电子时钟程序流程图

四、参考程序

（1）main.c。

```
////////////////////////////////////////////////////////////////////////////////
//    文件：PCF8563 时钟芯片调试                                              //
//    硬件：ATMEGA16 芯片                                                     //
//    功能：从 PCF8563 中读取时间，在液晶显示屏上显示                          //
//          PC6=SID PC7=CLK                                                   //
//    备注：无需查表，快速显示要显示的汉字，调用时间                           //
////////////////////////////////////////////////////////////////////////////////
#include <avr/io.h>
#include <util/delay.h>
#include <avr/interrupt.h>

#define uint unsigned int
#define uchar unsigned char
#include "i2c.h"
#include "lcd.h"
#include "8563.h"
int  main()
```

```
{
    DDRA|=_BV(4);
    PORTA|=_BV(4);              //打开液晶显示屏背光
    //settime();                //设置初始时间
    panduan();                  //判断是否是第一次启动，若不是则设置时间
    LCD_int();                  //液晶初始化
    while(1)
    {
        time_out();
        _delay_ms(100);
    }
}
```

（2）i2c.h。

```
/******************************************************/
/****** i2c:定义 SDA: PC0    SCL: PC1          ******/
/******************************************************/
uchar jshu,duzhi;              //接收到的数
/*****************************************************************/
/******          函数名称:I2C_Start ()                    ******/
/******          功   能:启动 I2C                          ******/
/******          参   数:无                                ******/
/******          返 回 值:无                               ******/
/*****************************************************************/
void I2C_Start (void)         //I2C 发送开始
{
    DDRC|=(1<<1);
    DDRC|=(1<<0);             //数据端口（SDA，PC1），PD1 时钟端口（SCL，PC0）设为输出
    PORTC|=(1<<1);           //将数据端口（SDA）设为高
    PORTC|=(1<<0);           //将时钟端口（SCL）设为高
    _delay_us(4);
    PORTC&=~(1<<1);          //将数据端口（SDA）设为低
    _delay_us(4);
    PORTC&=~(1<<0);
}
/*****************************************************************/
/******          函数名称:I2C_Stop ( )                    ******/
/******          功   能:停止 I2C                          ******/
/******          参   数:无                                ******/
/******          返 回 值:无                               ******/
/*****************************************************************/
void I2C_Stop (void)          //I2C 发送停止
{
    DDRC|=(1<<1);
    DDRC|=(1<<0);             //将 PC1 数据端口（SDA），
                             //PC0 时钟端口（SCL）设为输出
    PORTC&=~(1<<1);          //将数据端口（SDA）设为低
    PORTC|=(1<<0);           //将时钟端口（SCL）设为高
    _delay_us(6);
```

```
        PORTC|=(1<<1);                          //将数据端口（SDA）设为高
        _delay_us(6);
        PORTC&=~(1<<0);
}
/*******************************************************************/
/******          函数名称:I2C_Ackn ( )                      ******/
/******          功   能:发送完，检查，应答                  ******/
/******          参   数:无                                 ******/
/******          返 回 值:无                                ******/
/*******************************************************************/
unsigned char I2C_Ackn(void)
{
        unsigned char errtime=255;
        DDRC|=(1<<0);                           //时钟设置为输出
        DDRC&=~(1<<1);                          //设置数据口（SDA）为输入
        _delay_us(6);
        while((PINC&0x02)==0x02)
        {
                errtime--;
                if (!errtime)
                {
                        I2C_Stop();
                        return 0x00;
                }
        }
        PORTC|=(1<<0);                          //时钟置位
        _delay_us(6);
        PORTC&=~(1<<0);                         //将时钟端口（SCL）设为低
        _delay_us(6);
        return 0x01;                            //返回 0x01
}
/*******************************************************************/
/******          函数名称:Write_I2C_Byte ( )               ******/
/******          功   能:写一个字节到 I2C 设备              ******/
/******          参   数:unsigned char byte                ******/
/******          返 回 值:无                                ******/
/*******************************************************************/
void Write_I2C_Byte(unsigned char byte)
{
        unsigned int i;
        i=8;
        DDRC|=(1<<1);
        DDRC|=(1<<0);                           //将 PC1 数据端口（SDA）设为输出，PC0 时钟设置成输出
        while(i--)
        {
                if((byte&0x80)==0x80)
                {
                        PORTC|=(1<<1);          //该位为 1
                        PORTC|=(1<<0);
                        _delay_us(6);
                        PORTC&=~(1<<0);
                }
```

```
        else
        {
                PORTC&=~(1<<1);
                PORTC|=(1<<0);
                _delay_us(6);
                PORTC&=~(1<<0);
        }
        byte=byte<<1;
    }
    if (I2C_Ackn()==0)                          //检测是否有 I²C 回应
    return;
}
/*****************************************************************/
/******          函数名称: Read_I2C_Byte ()              ******/
/******          功    能:读取 I²C 设备的数据            ******/
/******          参    数:无                            ******/
/******          返 回 值:无                            ******/
/*****************************************************************/
void Read_I2C_Byte()
{

    unsigned int n;
    n=8;
    jshu=0;
    DDRC|=(1<<0);                               //设置时钟为输出
    PORTC|=(1<<1);                              //上拉电阻使能
    DDRC&=~(1<<1);                              //设置 SDA 为输入
    while(n--)
    {
        PORTC|=(1<<0);
        jshu=jshu<<1;
        if((PINC&0x02)==0x02)
        {
                jshu=jshu|0x01;
        }
        else
        {
                jshu=jshu&0xfe;
        }
        PORTC&=~(1<<0);
    }
    duzhi=jshu;
}
```

（3）8563.h。

```
/*****************************************************************/
/******              输入当前时间                        ******/
/*****************************************************************/
uchar newtime[]={0x00,0x10,0x08,0x01,0x01,0x11}; //写入时间初值, 格式: "秒_分_时_日_月_年"
uchar q,p,d;
uchar gao,di,tmr,tmrnum,i;
uchar nowtime[5];
/*****************************************************************/
```

```
/******          函数名称: time_conver(uchar data)        ******/
/******          功   能: 将从 8563 寄存器中读出的值        ******/
/******          转换成十进制数的字符代码                   ******/
/******          参   数: uchar data                       ******/
/******          返回值 : q,p                              ******/
/***************************************************************/
void time_conver(uchar data)
{
     switch(data)
     {
          case 0:{p=0xa3;q=0xb0;break;}          //数字 0 的代码为 A3B0
          case 1:{p=0xa3;q=0xb1;break;}          //数字 0 的代码为 A3B1
          case 2:{p=0xa3;q=0xb2;break;}
          case 3:{p=0xa3;q=0xb3;break;}
          case 4:{p=0xa3;q=0xb4;break;}
          case 5:{p=0xa3;q=0xb5;break;}
          case 6:{p=0xa3;q=0xb6;break;}
          case 7:{p=0xa3;q=0xb7;break;}
          case 8:{p=0xa3;q=0xb8;break;}
          case 9:{p=0xa3;q=0xb9;break;}
     }
}
/***************************************************************/
/******          函数名称: rtc_read(unsigned char address) ******/
/******          功   能: 读 8563 寄存器, 读某个寄          ******/
/******                   存器中的一个字节的数据            ******/
/******          参   数: unsigned char addres             ******/
/******          返回值: d                                 ******/
/***************************************************************/
unsigned char rtc_read(unsigned char address)
{
     I2C_Start();                          //启动 I²C
     Write_I2C_Byte(0xa2);                 //写器件地址
     Write_I2C_Byte(address);              //写寄存器地址
     I2C_Start();
     Write_I2C_Byte(0xa3);                 //读器件地址
     Read_I2C_Byte();                      //产生读得的字节值 duzhi
     d=duzhi;
     I2C_Stop();
     return d;
}
/***************************************************************/
/******          函数名称: rtc_write ()                    ******/
/******          功   能: 写 8563 寄存器, 向某个寄存器       ******/
/******                   中写一个数据                      ******/
/******          参   数: address,data1                    ******/
/******          返回值: 无                                ******/
/***************************************************************/
void rtc_write(unsigned char address,unsigned char data1)
{
     I2C_Start();
```

```
        Write_I2C_Byte(0xa2);                    //写器件地址
        Write_I2C_Byte(address);                 //写寄存器地址
        Write_I2C_Byte(data1);                   //写入数据
        I2C_Stop();
    }
    /******************************************************************/
    /******              函数名称:rtc_start ()                ******/
    /******              功    能:设置正常模式,正常启动时钟   ******/
    /******              参    数: 无                         ******/
    /******              返 回 值: 无                         ******/
    /******************************************************************/
    void rtc_start(void)
    {
        rtc_write(0,0);
    }
    /******************************************************************/
    /******              函数名称:rtc_stop                   ******/
    /******              功    能:停止时钟                    ******/
    /******              参    数: 无                         ******/
    /******              返 回 值: 无                         ******/
    /******************************************************************/
    void rtc_stop(void)
    {
        rtc_write(0,0x20);
    }
    /******************************************************************/
    /******              函数名称:GetPCF8563 ()              ******/
    /******              功    能:从 PCF8563 中获取时间值      ******/
    /******              参    数:unsigned char *time         ******/
    /******              返 回 值:无                          ******/
    /******************************************************************/
    void GetPCF8563(unsigned char *time)
    {
        CLI();
        *(time)=(rtc_read(2)&0x7f);              //寄存器 0x02 为秒寄存器
        *(time+1)=(rtc_read(3)&0x7f);            //寄存器 0x03 为分寄存器
        *(time+2)=(rtc_read(4)&0x3f);            //寄存器 0x04 为时寄存器
        *(time+3)=(rtc_read(5)&0x3f);            //寄存器 0x05 时日寄存器
        *(time+4)=(rtc_read(7)&0x1f);            //寄存器 0x07 为月寄存器
        *(time+5)=rtc_read(8);                   //寄存器 0x08 为年寄存器
        SEI();
    }
    /******************************************************************/
    /******              函数名称:SetPCF8563 ()              ******/
    /******              功    能:向 8563 写入数据            ******/
    /******              参    数: adds, data                ******/
    /******              返 回 值: 无                         ******/
    /******************************************************************/
    void SetPCF8563(unsigned char adds,unsigned char data)
    {
        CLI();
```

```
    rtc_stop();
    rtc_write(adds,data);
    rtc_start();
    SEI();
}
/************************************************************/
/******        函数名称:settime ()              ******/
/******        功    能:设置时间                ******/
/******        参    数:无                      ******/
/******        返 回 值:无                      ******/
/************************************************************/
void settime()
{
    SetPCF8563(8,newtime[5]);        //设置年
    SetPCF8563(7,newtime[4]);        //设置月
    SetPCF8563(5,newtime[3]);        //设置日
    SetPCF8563(4,newtime[2]);        //设置时
    SetPCF8563(3,newtime[1]);        //设置分
    SetPCF8563(2,newtime[0]);        //设置秒
    SetPCF8563(0x0a,0x08);           //设置 8:00 报警
    SetPCF8563(0x01,0x12);           //设置报警有效
}
/************************************************************/
/******        函数名称: showtime()             ******/
/******        功    能: 调用函数, 转换时间值     ******/
/******        参    数: 无                      ******/
/******        返 回 值: 无                      ******/
/************************************************************/
void showtime()
{
    tmrnum=tmr;
    di=tmrnum&0x0f;
    tmr=tmr>>4;
    gao=tmr&0x0f;
    time_conver(gao);
    wr_byte(p);                      //向 LCD 中写入要显示的字符代码高 8 位
    wr_byte(q);                      //向 LCD 中写入要显示的字符代码低 8 位
    time_conver(di);
    wr_byte(p);
    wr_byte(q);
}
/************************************************************/
/******        函数名称:time_out( )             ******/
/******        功    能:用于调时间, 并显示        ******/
/******        参    数:无                      ******/
/******        返 回 值:无                      ******/
/************************************************************/
void time_out()
{
    GetPCF8563(nowtime);             //从 8563 中获取时间的值
    setaddress(1,1);                 //确定要显示内容的位置为第 1 行第 1 个字符开始（左—右）
    tmr=*(nowtime+5);
```

```
        showtime();
        LCD_write(1,3,"年");                    //第 1 行第 3 个字符显示 "年"
        setaddress(1,4);
        tmr=*(nowtime+4);
        showtime();
        LCD_write(1,6,"月");
        tmr=*(nowtime+3);
        showtime();
        setaddress(2,1);
        tmr=*(nowtime+2);
        showtime();
        LCD_write(2,3,"时");
        setaddress(2,4);
        tmr=*(nowtime+1);
        showtime();
        LCD_write(2,6,"分");
        tmr=*(nowtime);
        showtime();
}
/*************************************************************/
/******        函数名称:panduan()                  ******/
/******        功    能:判断是否是第一次启动         ******/
/******             决定是否重设置时间              ******/
/******        参    数:无                        ******/
/******        返 回 值:无                        ******/
/*************************************************************/
void panduan()
{
        rtc_read(0x0a);
        if(d!=0x08)
        {
                settime();                     //设置时间
        SetPCF8563(0x0a,0x08);                 //设置 8:00 报警
        SetPCF8563(0x01,0x12);                 //设置报警有效
        }
}
```

（4）lcd.h。

```
///////////////////////////////////////////////////////////////
//   文件: 液晶显示                                          //
//   硬件: ATMEGA16 芯片 DM2864M                             //
//   功能: 快速显示要显示的汉字                               //
//       PORTC7=CLK   PORTC6=SID                            //
///////////////////////////////////////////////////////////////
void send_data(char data)
{
        unsigned char i;
        for(i=0;i<8;i++)                       //循环 8 次
        {
                PORTC&=~(1<<7);                //置低 CLK
                if(data&0x80)                  //判断数据极性
```

```
                PORTC|=(1<<6);                      //如果数据为 1 置高
                else
                PORTC&=~(1<<6);                      //否则置低
                data<<=1;                            //右移一位
                PORTC|=(1<<7);                       //置高 CLK
        }
}
void wr_command(char data)                           //写指令子程序
{
                                                     //命令字:写命令
        send_data(0xf8);
        send_data(data&0xf0);                        //写命令字高 4 位
        send_data(data<<4);                          //写命令字低 4 位
        _delay_ms(1);
}

void wr_byte(char data)                              //写数据子程序
{
                                                     //命令字:写数据
        send_data(0xfa);
        send_data(data&0xf0);                        //写数据高 4 位
        send_data(data<<4);                          //写数据低 4 位
        _delay_ms(1);
}

void setaddress(char x, char y)                      //设置显示位置子程序
{
        char move;
        if(x==1)
            {  move=0x80 + y-1;  }
        if(x==2)
            {  move=0x90 + y-1;  }
        if(x==3)
            {  move=0x88 + y-1;  }
        if(x==4)
            {  move=0x98 + y-1;  }
        wr_command(move);
        _delay_ms(1);
}

void LCD_clear()                                     //清屏子程序
{
        wr_command(0x01);
        _delay_ms(1);
}
void LCD_write(char x, char y, char *p)              //写字符串
{
        setaddress(x,y);
        while(*p)
            {
            wr_byte(*p);
            p++;
            }
}
```

```
void LCD_int()                                      //液晶屏初始化
{
    DDRC=(1<<6)|(1<<7);
    PORTC=(1<<6)|(1<<7);
    wr_command(0x30);                               //写入
    _delay_ms(1);
    wr_command(0x0c);
    _delay_ms(1);
    wr_command(0x01);                               //清屏
    _delay_ms(1);
    wr_command(0x14);
    _delay_ms(1);
}
```

五、项目实施

1. 根据元器件清单选择合适的元器件。
2. 根据硬件设计原理图，在万能电路板进行元器件布局，并进行焊接工作。
3. 焊接完成后，重复进行线路检查，防止短路、虚接现象。
4. 在 AVR Studio 软件中创建项目，输入源代码并生成*.hex 文件。
5. 在确认硬件电路正确的前提下，通过 JTAG 仿真器进行程序的下载与硬件在线调试。

第四篇

综合实践应用

项目十三　基于 ATmega16 片内 PWM 的直流电动机控制

项目十四　基于 ATmega16 的无线竞赛系统

项目十三

基于 ATmega16 片内 PWM 的直流电机控制

一、项目要求

1. 通过 ATmega16 单片机片内的 PWM 工作模式同时控制 3 台 12V 小直流电机。
2. 通过上位机可对直流电机的转速进行智能调控。

二、项目准备

1. PWM 概述

PWM 是 Pulse Width Modulation 缩写，中文意思就是脉冲宽度调制，简称脉宽调制。它是利用微处理器的数字输出来对模拟电路进行控制的一种非常有效的技术，广泛应用于测量、通信、功率控制与变换等许多领域。

PWM 是一种对模拟信号电平进行数字编码的方法。通过高分辨率计数器的使用，方波的占空比被调制用来对一个具体模拟信号的电平进行编码。但 ATmega16 内部包含了 PWM 控制器，通过对其工作模式的设定来实现 PWM 的输出，让信号保持为数字形式可将噪声影响降到最小。噪声只有在强到足以将逻辑"1"改变为逻辑"0"或将逻辑"0"改变为逻辑"1"时，才能对数字信号产生影响。这一优点使它在许多设计应用中得到了广泛的推广。

2. Visual Basic 上位机程序的编写

Visual Basic 简称 VB，是当今世界上应用最广泛的编程语言之一，它也被公认为是编程效率最高的一种编程方法。无论是开发功能强大、性能可靠的商务软件，还是编写能处理实际问题的实用小程序，VB 都是最快速、最简便的方法。

上位机软件制作过程如下。

① 新建一个工程，并在该工程下新建一个标准.exe 文件，如图 13-1 所示。

② 添加 MSComm 控件。该控件位于"工程"→"部件"→"Microsoft Comm Control 6.0"，如图 13-2 所示。

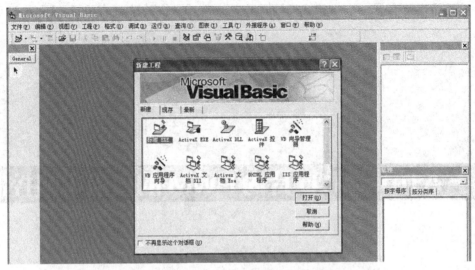

图 13-1　VB 软件运行示意图

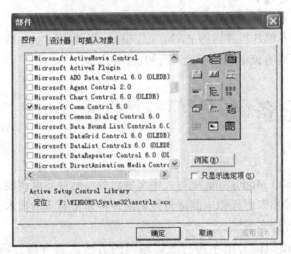

图 13-2　添加 Comm Control 6.0 控件示意图

③ 添加"Command"（按钮）和"Label"（标签）等控件。最终界面如图 13-3 所示。

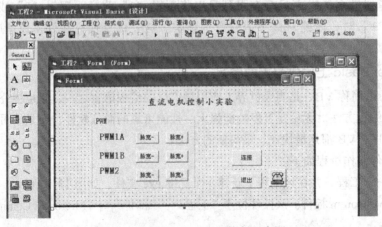

图 13-3　直流电机上位机控制示意图

④ 在程序编辑框中敲入程序，其参考程序如下。

```
Private Sub Command1_Click()
End                                  //退出
End Sub

Private Sub Command2_Click()
MSComm1.Output = "d"                 //发送"d"
End Sub

Private Sub Command3_Click()
MSComm1.Output = "j"                 //发送"j"
End Sub

Private Sub Command4_Click()
MSComm1.Output = "e"                 //发送"e"
End Sub

Private Sub Command5_Click()
MSComm1.Output = "h"                 //发送"h"
End Sub

Private Sub Command6_Click()
MSComm1.Output = "f"                 //发送"f"
End Sub

Private Sub Command7_Click()
MSComm1.Output = "i"                 //发送"i"
End Sub

Private Sub Command8_Click()         //连接按钮
MSComm1.Settings = "9600,n,8,1"      //比特率为 9600，无校验，8 位数据，1 位停止位
MSComm1.CommPort = 1                 //端口为 COM1，可自行修改
MSComm1.PortOpen = True              //打开串口
Command8.Enabled = False             //使"连接"按键失效，防止出错
End Sub
```

⑤ 运行调试。

三、硬件电路

硬件电路原理如图 13-4 所示。原理图说明如下。

① 单片机的 USART 通过串口与计算机相连，上位机可通过该串口向单片机发送指令，以达到对电机运行状态的控制。

② 图中的三极管主要是电流放大作用，以驱动电机运转。

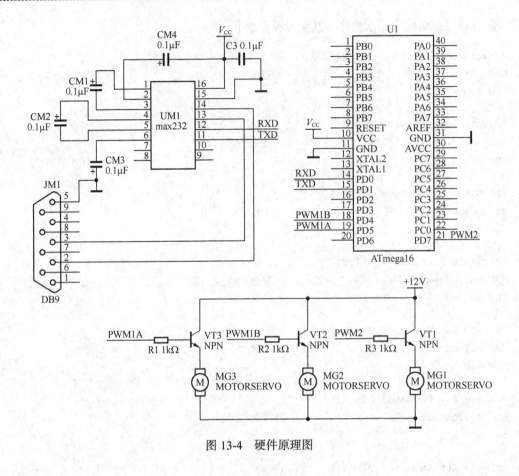

图 13-4　硬件原理图

四、软件设计

1．程序流程图

根据项目的任务要求，需要使用 ATmega16 单片机内部的 PWM 控制器产生 PWM 波形驱动直流电动机，然后单片机接收 PC 上位机通过串行通信发送的数据，根据预先设置命令协议进行相应的 PWM 脉宽调制，达到控制电机的功能。程序流程图如图 13-5 所示。

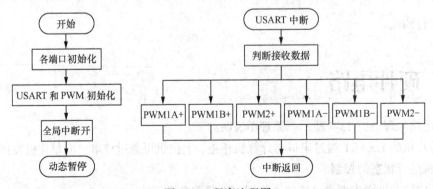

图 13-5　程序流程图

2. 项目参考程序

```
//*********************************************//
//   文件：PWM控制电机
//   硬件：ATmega16芯片
//*********************************************//
#define F_CPU 8000000 UL              //使用内部晶振8MHz
#include <avr/io.h>                    //AVR单片机相关寄存器头文件
#include <util/delay.h>                //延时头文件
#include <avr/interrupt.h>             //中断头文件
#include "PWM.H"
#include "USART.H"
void init_devices(void)
{
 cli();                                //关中断
 MCUCR = 0x00;
 uart_init();
 pwm1a_init();
 pwm2_init();
 pwm1b_Init();
 sei();                                //开中断
}
ISR(USART_RXC_vect)                    //接受中断子程序
{
 char i;
 i=UDR;
 switch(i)
 {
  case 'd':  OCR1A=OCR1A+0X1000;break;  //PWM1A 脉宽增加
  case 'e':  OCR1B=OCR1B+0X1000;break;  //PWM1B 脉宽增加
  case 'f':  OCR2=OCR2+0X10;   break;   //PWM2 脉宽增加
  case 'j':  OCR1A=OCR1A-0X1000;break;  //PWM1A 脉宽减小
  case 'h':  OCR1B=OCR1B-0X1000;break;  //PWM1A 脉宽减小
  case 'i':  OCR2=OCR2-0X10;   break;   //PWM2 脉宽减小
  default :  break;
 }
}
int  main()
{
 init_devices();
 SEI();
 while(1);
}


/***********************************************************/
/******    函数名称：pwm_init()                 ******/
/******    功    能：pwm初始化函数              ******/
/******    参    数：无                          ******/
/******    返回值  ：无                          ******/
/***********************************************************/
void pwm2_init(void)
{
```

```
        DDRD|=_BV(PD7);                                          //将 OC2 管脚配置为输出
        TCCR2|=(1<<WGM21)|(1<<WGM20)|(1<<COM21)|(1<<CS22)|(1<<CS21)|(1<<CS20);
                                                                 //快速 PWM，时钟 1024 分频
        OCR2=0x00;                                               //正脉宽
        TCNT2=0x10;                                              //清零计数器
}
void pwm1b_Init(void)
{
        DDRD|=_BV(PD4);                                          //将 OC1B 管脚配置为输出
        TCCR1B|=(1<<WGM12)|(1<<WGM13)|(1<<CS11);                 //时钟 8 分频
        TCCR1A|=(1<<COM1B1)|(1<<WGM11);                          //快速 PWM 模式 top:ICR1
        ICR1=0x6bfe;                                             //周期 20ms
        OCR1B=0x0000;                                            //正脉宽
        TCNT1=0x0000;                                            //清零计数器
}
void pwm1a_init(void)
{
        DDRD|=_BV(PD5);                                          //将 OCR1A 管脚配置为输出
        TCCR1B|=(1<<WGM12)|(1<<WGM13)|(1<<CS11);                 //时钟 8 分频
        TCCR1A|=(1<<COM1A1)|(1<<WGM11);                          //快速 PWM 模式 top:ICR1
        ICR1=0x6bfe;                                             //周期 20ms
        OCR1A=0x0000;                                            //正脉宽
        TCNT1=0x0000;                                            //清零计数器
}
```

五、项目实施

　　在教学过程中，根据上面提供的项目基本资料，老师协助学生做出切实可行的、具体的项目实施方案，学生在项目实施完成的过程中实现知识的学习深化、技能的训练掌握。

一、项目要求

为幼儿园小朋友设计一套训练 10 以内加、减法的无线竞赛系统。该系统包括两大部分，第一部分为无线竞赛手持器，无线竞赛手持器是至少可以发射 0~9 数字的手持装置，其用途是小朋友用它进行抢答并发送计算结果。第二部分为无线竞赛控制器，无线竞赛控制器是一台连接无线接收装置的计算机，计算机能够随机产生 10 以内加、减法题目，并通过对接收数据的智能分析，来判断小朋友抢答的对错，其功能如图 14-1 所示。

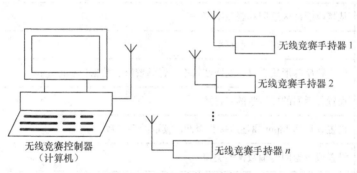

图 14-1　项目功能示意框图

二、项目准备

根据任务要求，需要用到无线通信模块（PTR8000）、按键模块（BC7281 键盘显示）以及串行通信模块（MAX232）。用面向对象软件（如 VB、C++等）制作上位机程序（略）。

该项目所用到的知识在前面章节中已有讲述，而该项目中还要用到上位机的控制。一般来说，计算机中通常采用 Visual Basic（VB）或者 Visual C++编写通信程序和界面。在上述编程工具中，Visual C++的入门较困难，而 VB 则以其高效、简单易学及功能强大的特点受广大程序设计人员特别是初学者青睐。VB 支持面向对象的程序设计，具有结构化的事件驱动编程模式，而且可以十分简便地做出良好的人机交流界面。在本项目中，我们使用 VB 设计的上位机程序。下面主要介绍一下 VB 软件的通信控件 MSCOMM 编制通信软件的方法。

VB 提供的通信控件 MSCOMM 可以十分方便地对串行通信的各项参数进行设置，包括串口状态、通信格式和协议等。一旦检测到有发送或接收数据发生，则触发 onComm 事件，通过编程访问 COM1 的 event 属性了解通信事件的类型，并进行相应的处理。每个通信控件对应一个串口，可以根据需要访问不同的通信端口。MSCOMM 通信控件的使用方法如下。

1. MSCOMM 控件的加入

通信控件在 VB 环境下加入的方式是选择"工程"菜单下的"部件"选项进行添加。选中"部件/控件"中的"Microsoft Comm Control 6.0"选项，如图 13-2 所示，单击"确定"按钮，这时控件栏就会出现该控件了。

2. MSCOMM 控件的常用属性

该控件常用的属性见表 14-1。

表 14-1　　　　　　　　　　　　　MSCOMM 控件常用的属性表

Comport	设置并返回通信端口号
Comevent	返回最近的通信事件或错误
Portopen	设置并返回通信端口的状态，或打开和关闭端口
Input	从接收缓冲区返回和删除字符
Output	向传输缓冲区写一个字符串
Settings	以字符串的形式设置并返回波特率、奇偶校验、数据位、停止位
RThreshold	设置并返回的要接收的字符数
InputLen	设置并返回 Input 属性从接收缓冲区读取的字符数
InputMode	设置或者返回传输数据的类型

3. MSCOMM 控件的简单应用

```
Private Sub MSComm1_init()              //通信控件设置
MSComm1.CommPort = 1                    //选择串口 1 作为通信端口
MSComm1.InputMode = comInputModeBinary  //以字节形式读出数据
MSComm1.Settings = "9600,n,8,2"         //通信速率为 9600_BV/s，通信格式为无
                                        //奇偶校验位，数据位为 8 位，1 位停止位
MSComm1.RThreshold = 1                  //有一个数据便引起接收事件
MSComm1.InputLen = 2                    //一次只接收两个数据
End Sub
```

以上是对 MSCOMM 的初始化设置，其发送程序的代码如下所示：

```
Private Sub Send()
  If MSComm1.PortOpen=False Then MSComm1.PortOpen=True    // 打开串口
  MSComm1.Output=sendstring                              // 送字符串 sendstring
End Sub
```

VB 中利用 MSCOMM 控件接收串口数据的方法有两种，一种是利用查询 MSCOMM 控件的属性，即得到当前缓冲区中的数据；另一种方式是通过设定 MSCOMM.RTHRESHOLD 属性，触发 MSCOMM 控件的 onCOMM 事件。通过设定 MSCOMM.RTHRESHOLD 的值为 1，可以对每个接收到的字符进行识别，即每收到一个字符，产生 onCOMM 事件，并在事件中对字符进行相应的处理。

接收控制指令的代码如下：

```
onCOMM 事件处理
Private Sub MSComm1_OnComm()
Select Case MSComm1.CommEvent
Case comEvReceive                          // 接收字符的事件触发
Nowstring= MSComm1.Input                    // 读缓冲区字符
                                           // 保存一个读取周期内的字符

Instring = Instring +Nowstring
If Nowstring = "*" Then
data_number = data_number+1

                                           // 将一个周期的字符保存到数组中

data_string(data_number)=Instring
Instring=""
End If
End Select
End Sub
```

本项目主要用到了其接收程序代码，在接收数据后，通过对数据的智能判断，来确定是哪个小朋友抢答了问题，以及回答问题的对错，并通过多媒体控件播放语音来告诉小朋友们是否回答正确，并给以鼓励。其他控件的函数请参考相关资料自行编写，该上位机软件的编写将不再细述。

三、硬件电路

图 14-2 是手持器的电路原理图，给出了 0～F 范围 16 个按键。其中，0～9 范围内为数字键，可以设置 A～F 内的任一按键为抢答按键，这就需要在通信协议中进行定义。定义任一数码管显示手持器编号，其余的作为按键数值的显示。

图 14-3 所示是接收装置的电路原理图，该装置通过图中的 RS－232 串口通信接口 JM1 将无线通信模块接收到的数据传输给 PC 机，再在 PC 机上进行数据处理，从而判断是哪位小朋友抢答以及答案是否正确。

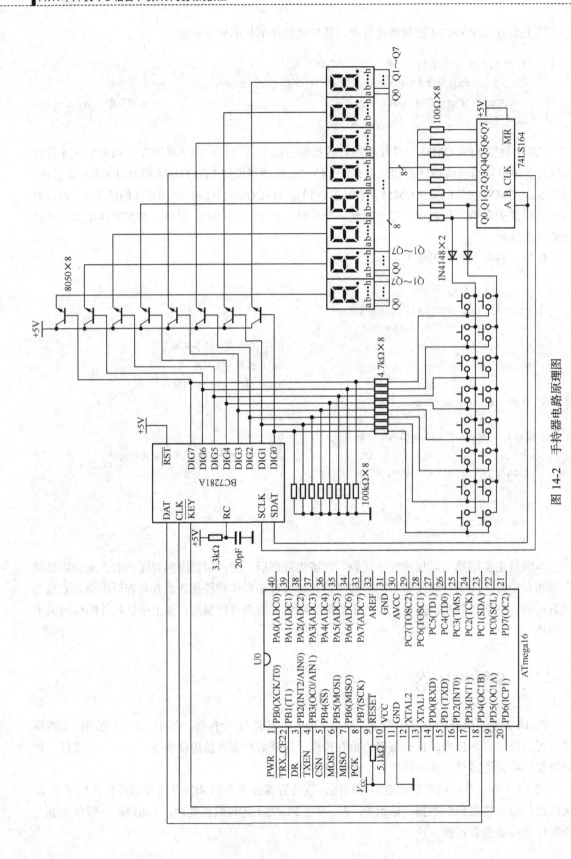

图 14-2 手持器电路原理图

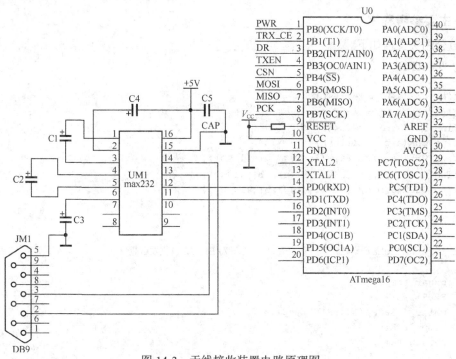

图 14-3　无线接收装置电路原理图

四、软件设计

1. 程序流程图

根据任务要求，使用者在手持器按下竞赛答案，通过 PTR8000 模块把手持器的号码和竞赛答案无线发送给控制器的接收装置，然后接收装置通过 USART 串行通信发送给上位机。上位机根据接收到的手持器号码和答案的先后顺序以及正确与否进行评比。在图 14-4 和图 14-5 中分别给出了接收装置和手持器装置的程序流程图。

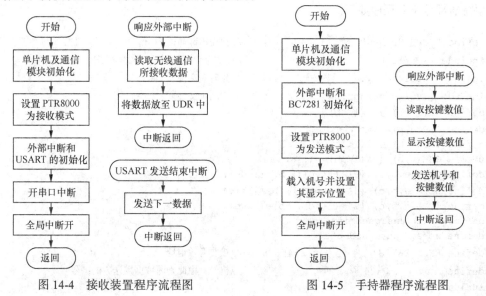

图 14-4　接收装置程序流程图　　　　图 14-5　手持器程序流程图

2. 主要参考程序

部分公用头文件如下。

（1）"PORT.H"。

```
#define SET(a,b)  a|=(1<<b)
#define CLR(a,b)  a&=~(1<<b)
#define CPL(a,b)  a^=(1<<b)
#define CHK(a,b)  (a&(1<<b)==(1<<b))
#define OSET(a,b,c)  {a|=(1<<c);  b|=(1<<c);}
#define OCLR(a,b,c)  {a&=~(1<<c);  b|=(1<<c);}
#define OCPL(a,b,c)  {a^=(1<<c);  b|=(1<<c);}
```

（2）"SPI.H"。

```
uchar SPI_WR(uchar val)                //用 SPI 口收发数据
{
    uchar temp;
    SPDR=val;
    while ((SPSR&(1<<SPIF))==0);
    temp=SPDR;
    return temp;
}
void SPI_init_M(void)                  //SPI 主机模式
{
    SET(DDRB,PB5);                     //MOSI 为输出
    SET(DDRB,PB7);                     //SCK 为输出
    SET(DDRB,PB4);                     //SS 为输出
}
void SPI_init_S(void)                  //SPI 从机模式
{
    SET(DDRB,PB6);                     //MISO 为输出
}
```

手持器部分主要程序如下。

```
#define F_CPU 8000000                  //使用内部晶振 8MHz
#include <avr/io.h>                    //AVR 单片机相关寄存器头文件
#include <util/delay.h>                //延时头文件
#include <avr/interrupt.h>             //中断头文件
#define SET(a,b)  a|=(1<<b)
#define CLR(a,b)  a&=~(1<<b)
#define CPL(a,b)  a^=(1<<b)
#define CHK(a,b)  (a&(1<<b)==(1<<b))
#define OSET(a,b,c)  {a|=(1<<c);  b|=(1<<c);}
#define OCLR(a,b,c)  {a&=~(1<<c);  b|=(1<<c);}
#define OCPL(a,b,c)  {a^=(1<<c);  b|=(1<<c);}
#define uint  unsigned int
#define uchar  unsigned char
#define RX_ADDRESS        0x12345678   //接收有效地址
#define number 0x04                    //机号，由此判断数据发送方的编号
#include "SPI.H"
```

```c
#include "config.H"
#include "nrf905.H"
#include "bc7281.H"
#define SET(a,b)  a|=(1<<b)
#define CLR(a,b)  a&=~(1<<b)
#define CPL(a,b)  a^=(1<<b)
#define CHK(a,b)  (a&(1<<b)==(1<<b))
#define OSET(a,b,c) {a|=(1<<c);  b|=(1<<c);}
#define OCLR(a,b,c) {a&=~(1<<c); b|=(1<<c);}
#define OCPL(a,b,c) {a^=(1<<c);  b|=(1<<c);}
void spi_init(void)                    //SPI 口的初始化
{
uchar temp;
 SPCR = 0x51;                          //不使用 SPI 中断，其他同上
 SPSR = 0x00;                          //设置 SPI
 temp = SPSR;
 temp = SPDR;                          //清空 SPI，和中断标志，使 SPI 空闲
}
ISR(INT1_vect)                         //外部中断 1 处理程序
{    uchar copy_key_number;
     while(RDAT_7281==0){};            //如果数据线为高电平则 BC7281 空闲
     copy_key_number=key_number;
     key_number=read728x(0x13);
     TxBuf[0]=number;                  //载入机号
     if(key_number==0x11)
      {
TxBuf[1]=key_number;
     nrf905_SetData(WTP,SIZE);         //写数据
     nrf905_TxOn();                    //启动发送
     delay_ms(10);
     nrf905_StandBy();
     write728x(0x15,(key_number&0xf0)/16);
                                       //在第 0 位以 HEX 方式显示键码的低 4 位
     write728x(0x15,0x10+(key_number&0x0f));
                                       //在第 1 位以 HEX 方式显示键码的高 4 位
     key_number=0;
     }
     else if(key_number<10)
     {
     TxBuf[1]=key_number;
     nrf905_SetData(WTP,SIZE);         //写数据
     nrf905_TxOn();                    //启动发送
     delay_ms(10);
     nrf905_StandBy();
     write728x(0x15,(key_number&0xf0)/16);
                                       //在第 0 位以 HEX 方式显示键码的低 4 位
     write728x(0x15,0x10+(key_number&0x0f));
                                       //在第 1 位以 HEX 方式显示键码的高 4 位
   }
     else {key_number=0;}
     write728x(0x15,0x60+(number&0xf0)/16);
                                       //在第 6 位以 HEX 方式显示键码的低 4 位
```

```
        write728x(0x15,0x70+(number&0x0f));
                                    //在第 7 位以 HEX 方式显示键码的高 4 位
    }
int  main()                         //主函数
{
    uint i;
    uchar j,m;
    SPI_init_M();
    spi_init();
    BC7281_init();
    nrf905_Init();                  //nrf905 初始化
    nrf905_SetTxAdd();              //写对方地址
    TxBuf[0]=number;                //载入机号
    write728x(0x15,0x60+(number&0xf0)/16);
                                    //在第 6 位以 HEX 方式显示键码的低 4 位
    write728x(0x15,0x70+(number&0x0f));
                                    //在第 7 位以 HEX 方式显示键码的高 4 位
    SREG=SREG|0x80;
    while(1);
}
```

接收装置主要程序如下。

```
////////////////////////////////////////////////////////////////
//  文件：无线竞赛系统接收装置主要程序                           //
//  硬件：ATMEGA16 芯片                                         //
//  功能：接收抢答器数据、传送给 PC 机                          //
//  备注：                                                      //
////////////////////////////////////////////////////////////////
#define F_CPU 8000000 UL            //使用内部晶振 8MHz
#include <avr/io.h>                 //AVR 单片机相关寄存器头文件
#include <util/delay.h>             //延时头文件
#define uint unsigned int
#define uchar char
#define RX_ADDRESS    0x12345678    //接收有效地址
#include " delay.H"
#include " PORT.H"
#include " SPI.H"
#include " config.H"
#include " nrf905.H"
void spi_init(void)                 //SPI 口的初始化
{uchar temp;
 SPCR = 0x51;                       //不使用 SPI 中断，其他同上
 SPSR = 0x00;                       //setup SPI
 temp = SPSR;
 temp = SPDR;                       //清空 SPI，和中断标志，使 SPI 空闲
}
void INT2_init(void)                //INT2 初始化
{
    CLR(DDRB,PB2);
    SET(PORTB,PB2);
```

```
        SET(MCUCSR,ISC2);                           //上升沿
        SET(GICR,INT2);                             //开 INT2 中断
}


ISR(INT2_vect)                                      //外部中断 2 中断处理程序
{
        uchar i;
        nrf905_ReadData(RRP,SIZE);                  //读数据
        nrf905_RxOn();                              //接收模式
        while ( !( UCSRA & (1<<UDRE)) );
        UDR=RxBuf[0];
        SET(UCSRB,TXCIE);
}
void init_USART(void)                               //串口通信初始化设置
{
        SET(PORTD,1);
        CLR(DDRD,1);
        UCSRB=0X18;
        SET(UCSRB,TXCIE);                           //使能发送
        UCSRC=0b10000110;                           //选择 UCSRC 寄存器
        UBRRH=0X00;                                 //9600
        UBRRL=51;
}
ISR(USART_TXC_vect)                                 //发送中断
{
        UDR=RxBuf[1];
        CLR(UCSRB,TXCIE);
}
int  main()                                         //主函数
{
        uint i;
        SPI_init_M();                               //主机端口初始化
        spi_init();                                 //SPI 初始化
        nrf905_Init();                              //8000 初始化
        INT2_init();                                //INT2 初始化
        nrf905_RxOn();                              //接收模式
        init_USART();
        SREG=SREG|0x80;                             //开中断
        while(1);
}
```

五、项目实施

在教学过程中，根据上面提供的项目基本资料，老师协助学生做出切实可行的、具体的项目实施方案，学生在项目实施完成的过程中实现知识的学习深化、技能的训练掌握。

参考文献

[1] 刘高锁. 单片机系统开发技术. 天津：天津大学出版社，2008.

[2] 马潮. AVR 单片机嵌入式系统原理与应用（第 2 版）. 北京：北京航空航天大学出版社，2011.

[3] 吴新杰. AVR 单片机项目教程——基于 C 语言. 北京：北京航空航天大学出版社，2011.

[4] 肖硕. 单片机数据通信典型应用大全. 北京：中国铁道出版社，2011.

[5] ATMEL. ATmega16 Data Book. http://www.atmel.com.